# ZEITSCHRIFT FÜR ANGEWANDTE GEOLOGIE

HERAUSGEGEBEN VON
DER STAATLICHEN GEOLOGISCHEN KOMMISSION
UND DER ZENTRALEN VORRATSKOMMISSION
DER DEUTSCHEN DEMOKRATISCHEN REPUBLIK

AUS DEM INHALT



AKADEMIE-VERLAG · BERLIN

BAND 4 / HEFT 9
SEPTEMBER 1958
SEITE 400–448

# INHALT



Die ZEITSCHRIFT FÜR ANGEWANDTE GEOLOGIE berichtet ständig ausführlich über folgende Arbeitsgebiete: Geologische Grundlagenforschung und Lagerstättenforschung / Methodik der geologischen Erkundung / Ökonomie und Planung der geologischen Erkundung / Technik der geologischen Erkundung / Geologie und Lagerstättenkunde im Ausland / Bibliographie, Verordnungen, Richtlinien, Konferenzen, Personalnachrichten



Die ZEITSCHRIFT FÜR ANGEWANDTE GEOLOGIE ist kein Organ einer engen Fachgruppe. Auf ihren Seiten können alle strittigen Fragen der praktischen Geologie behandelt werden. Die Autoren übernehmen für ihre Aufsätze die übliche Verantwortung.


Herausgeber: Staatliche Geologische Kommission und Zentrale Vorratskommission für mineralische Rohstoffe der Deutschen Demokratischen Republik. Chefredakteur: Prof. Dr. Erich Lange, Berlin. Redaktion: Berlin N 4, Invalidenstraße 44. Verlag: Akademie-Verlag GmbH, Berlin W 8, Mohrenstraße 39 (Fernsprecher 200386, Postscheckkonto: Berlin 35021). Bestell- und Verlagsnummer des Heftes: 1047/4/7. Die „Zeitschrift für angewandte Geologie" erscheint monatlich. Bezugspreis 2,— DM je Heft. Satz und Druck: Druckhaus „Maxim Gorki", Altenburg. Veröffentlicht unter der Lizenznummer ZLN 5008 des Ministeriums für Kultur, Hauptverwaltung Verlagswesen. Karten: MdI. der DDR Nr. 4273 / K 11 Printed in Germany.

ZEITSCHRIFT FÜR ANGEWANDTE GEOLOGIE

CHEFREDAKTEUR: PROF. DR. E. LANGE

BAND 4 · SEPTEMBER 1958 HEFT 9

# Das Problem der Bildung von Öl- und Gasakkumulationen unter dem Aspekt der Theorie der Erdölmuttergesteinsfolgen[1)]

I. O. BROD, Moskau

## Die grundsätzlichen Unterschiede in den Bildungen verschiedener Kategorien von Öl- und Gasakkumulationen

Der Begriff „Öl- und Gasakkumulationen" ist ein Sammelbegriff, da er alle Kategorien der Akkumulationen umfaßt, nämlich von einzelnen Lagern bis zu Gruppen von Lagern, sowohl auf einzelnen Feldern als auch in großen regionalen öl- und gasführenden Zonen (BROD 1945, 1946, 1951, 1957, WASSOJEWITSCH & USPENSKIJ 1954, CHAIN 1957).

Wenn es sich um Einzelakkumulationen — die Lager — handelt, besteht die wichtigste Aufgabe bei der Betrachtung der Bedingungen für die Bildung der Akkumulationen darin, die Frage zu klären, wie die Kohlenwasserstoffverbindungen, aus denen das Erdöl besteht, in die Falle gelangten, die das Lager bildet.

Weitaus schwieriger ist die Analyse der Bedingungen, die zur Bildung einer Lagerstätte führen. Eine Lagerstätte besteht aus einer Anzahl von Lagern innerhalb eines einzigen Feldes. Diese Lager entstanden in Verbindung mit einem einheitlichen Strukturelement. Im Verlauf der Analyse müssen vor allem die geologischen und hydrogeologischen Verhältnisse geklärt werden, die bei der Bildung der strukturellen Verbiegung, welche die zahlreichen Fallen entstehen ließ, herrschten. Ferner ist zu ermitteln, in welchen Beziehungen die Fallen zueinander stehen und in welchen sie bei ihrer Ausfüllung mit den Kohlenwasserstoffverbindungen, die die Öl- und Gaslager bilden, zueinander standen. Praktisch besteht die Aufgabe darin, die Verschiebungs- und Differenzierungsverhältnisse der beweglichen Substanzen sowohl in den einzelnen, aus den Speichergesteinen bestehenden natürlichen Reservoiren als auch die die Reservoire trennenden, schlecht durchlässigen, die Reserven der Lagerstätten bildenden Gesteine zu untersuchen.

Bei der Betrachtung der Bildungsverhältnisse der aus vielen Lagerstätten bestehenden Öl- und Gasakkumulationszonen müssen die Konsequenz und die Wechselbeziehung der geologischen, geochemischen und hydrogeologischen Vorgänge ermittelt werden, welche zur Entstehung vieler Öl- und Gasakkumulationen führen, die in großen Bereichen der Erdkruste gesetzmäßig verbreitet sind. In den letzten Jahren wurden diese Fragen in verschiedenen Ländern in zahlreichen Arbeiten umfassend behandelt. Diese Arbeiten befaßten sich sowohl mit den regionalen hydrogeologischen Verhältnissen als auch mit den Bildungsbedingungen der einzelnen Lagerstätten und den großen Öl- und Gasakkumulationszonen (IGNATOWITSCH 1944, BROD 1947, 1951, 1957, LINDTROP 1951, SUCHAREW 1953, WASSOJEWITSCH & USPENSKIJ 1954, KREMS 1954, BAKIROW 1955, LALICKER 1949, BEEBY-THOMPSON 1950, GUSSOW 1954, 1955, HOBSON 1956 und viele andere).

Das Problem der Bildung der Öl- und Gasakkumulationszonen hängt eng mit dem Problem der Entstehung des Erdöls zusammen, da die Bildung dieser Zonen durch die Entstehung und Verlagerung der Substanzen zustande kommt, aus welchen das Erdöl besteht. Folglich fordert die Untersuchung der Bildungsbedingungen der Öl- und Gasakkumulationszonen, daß die Gesetzmäßigkeiten in der Verbreitung der Öl- und Gasakkumulationen in der Erdkruste geklärt werden.

## Über die regionalen öl- und gasführenden Folgen und die Erdölmuttergesteinsfolgen

Es kann als erwiesen gelten, daß auf fast allen öl- und gasführenden Territorien der Erdkugel die Öl- und Gasakkumulationen mit regional verbreiteten öl- und gasführenden Schichten zusammenhängen. Diese Schichten sind in Ablagerungen verschiedenen Alters bekannt, sie enthalten in weiten Räumen entweder natürliche Öl- und Gasanzeichen oder durch Bohrungen erschlossene Öl- und Gaslager.

In den meisten regional verbreiteten öl- und gasführenden Folgen liegen gut durchlässige Speichergesteine vor, die Öl und Gas enthalten. Sie wechsellagern mit Tonen und Mergeln, die disperse organische Substanz enthalten.

Im Kambrium sind weit verbreitete Öl- und Gasanzeichen in Verbindung mit bituminösen Gesteinen auf der Ostsibirischen Tafel und in bedeutend geringerem Maße in Kanada bekannt; in der Appalachensenke treten im Kambrium Gasakkumulationen auf.

Bedeutende Öl- und Gaslager, die in sandig-mergeligen und karbonatischen Schichten des Kambriums und Ordoviziums und in geringerem Maße im Silur auftreten, sind in den Senken des Zentralteils der Nordamerikanischen Tafel bekannt. Mit ähnlichen lithologisch-stratigraphischen Komplexen des Unterpaläozoikums hängen bituminöse Gesteine sowie Öl- und Gasaustritte in den Ostseeregionen der Russischen Tafel zusammen.

Noch weiter verbreitet sind Lager und Anzeichen von Öl und Gas in einer Anzahl lithologisch-stratigraphischer Komplexe des Devons und Karbons, teilweise

[1)] Vortrag, gehalten am 8. Mai 1957 auf der Diskussionstagung in Lwow.

auch des Perms in den Zentralteilen der Russischen und der Nordamerikanischen Tafel.

In den Randteilen der Russischen, Nordamerikanischen und Ostsibirischen Tafel und in vielen intramontanen Trögen Eurasiens, Nord- und Südamerikas ist die Öl- und Gasführung in einigen lithologisch-stratigraphischen Komplexen des Juras und der Kreide regional verbreitet.

In den Vortiefen der jungen Faltengebirge und in einer Anzahl intramontaner Tröge Eurasiens, Ozeaniens, Nord- und Südamerikas sind in sandig-tonigen und mergelig-kalkigen Komplexen des Paläogens, Miozäns und Pliozäns Öl- und Gaslager sowie Öl- und Gasanzeichen weit verbreitet. In den gleichen Ablagerungen sind Öllager auch im tief abgesunkenen Südteil der Nordamerikanischen Tafel bekannt.

Material über diese Frage ist in einer ganzen Anzahl von zusammenfassenden Werken enthalten, die in den letzten Jahren herausgegeben wurden (BEEBY-THOMPSON 1950, LANDES 1951, RUSSEL 1951, ILLING 1953, LEVORSEN 1954, BROD & JEREMENKO 1957 u. a.).

Zu Beginn der Entwicklung der Erdölindustrie, d. h. gegen Ende des 19. und zu Beginn des 20. Jahrhunderts, äußerte eine Reihe von Forschern die Meinung, daß sich das Erdöl in den Speichergesteinen durch Umlagerung (Verschiebung) der Substanzen, aus denen es besteht, aus schlammigen Ablagerungen angesammelt habe. Die Entstehung der Kohlenwasserstoffverbindungen wurde hierbei mit der Umbildung der organischen Substanzen, die zwischen den kleinsten Mineralteilchen der Tone und Mergel dispers verstreut sind, in Zusammenhang gebracht. Für die kaukasischen Ölgebiete wurden diese Vorstellungen im wesentlichen in den Arbeiten von N. I. ANDRUSSOW (1906) und G. I. MICHAILOWSKIJ zum Ausdruck gebracht. Eine Reihe spezieller Zusammenfassungen (HÖFER 1888, CAMPBELL 1911, DE LAUNAY 1913, BOGDANOWITSCH 1941, BLUMER 1922 u. a.) zeigt, wie sich die Ansichten über diese Frage in den einzelnen Ländern entwickelten.

Später wurde die Frage des Zusammenhanges zwischen der Erdölbildung und der dispers verstreuten organischen Substanz in der UdSSR unter Zugrundelegung spezieller Forschungen und einer Reihe von Verallgemeinerungen in den Arbeiten von A. D. ARCHANGELSKIJ (1927), I. M. GUBKIN (1932, 1940) und ihrer zahlreichen Schüler behandelt. Der erreichte Stand dieses Problems in anderen Ländern wird in verschiedenen größeren Arbeiten erläutert (LILLEY 1928, KREJCI-GRAF 1930, EMMONS 1931, STUTZER 1931, DE CIZANCOURT 1936, MACOVEI 1938, TRASK & PATNODE 1942 u. a.)

A. D. ARCHANGELSKIJ stellte im Jahre 1927 fest, daß auf der Basis der riesigen kollektiven Erfahrung, die bei der Untersuchung der Erdöllagerstätten im Verlauf von vielen Jahrzehnten in Europa und Amerika gesammelt wurde, „... für sehr viele Lagerstätten nachgewiesen wurde, daß das Erdöl an junge Sedimentgesteinsserien gebunden ist, in denen Gesteine auftreten, die reich an organischen Stoffen des Erdöltyps sind. Es handelt sich hierbei um die sogenannten bituminösen Tone, die bituminösen Brennschiefer und die Kalksteine“. Er fährt fort: „Es ist ganz natürlich, daß sich viele Forscher die Frage nach den Entwicklungsbedingungen dieser bituminösen Gesteine vorlegten, nach den Bedingungen, die in bedeutendem Maße auch den Vorgang der Erdölbildung selbst bestimmen können.“

Serien, in denen die Öl- und Gasführung und die Öl- und Gasakkumulation durch Umwandlung des eingeschlossenen organischen Materials erfolgt, werden von A. D. ARCHANGELSKIJ, I. M. GUBKIN und ihren Schülern als primär erdölführend bezeichnet. Gesteine, die disperses organisches Material enthalten, das bei günstigen Bedingungen in Erdöl umgewandelt werden kann, erhielten die Bezeichnung erdölproduzierende oder Erdölmuttergesteinsfolgen. Im Englischen heißen sie source rocks oder source beds, im Französischen roches mère, im Deutschen Ölmuttergesteine.

Unter Berücksichtigung der Gesetzmäßigkeiten, welche die Verbreitung der Öl- und Gaslager in den regional verbreiteten öl- und gasführenden Serien regieren, wurden in der UdSSR viele öl- und gasführende Zonen sowohl im Kaukasus als auch auf der Russischen Tafel aufgefunden.

Für das zwischen Wolga und Ural gelegene Territorium hängen alle Entdeckungen der letzten Jahre, die dazu beitrugen, die Erdölgewinnung der UdSSR zu vervielfachen, mit folgendem Umstand zusammen: es wurde nachgewiesen, daß die Öl- und Gaslager an bestimmte lithologisch-stratigraphische Komplexe des Devons, Karbons und teilweise des Perms gebunden sind, deren Produktivität mit zahlreichen und verschiedenartigen Strukturen zusammenhängt (BROD 1948, BAKIROW 1954, TROFIMUK 1955, MIRTSCHINK 1956, 1957, MUSTAFINOW 1957).

Wenn man den untersuchten Zusammenhang zwischen Öl- und Gaslagern und bestimmten Intervallen des mesozoischen und känozoischen Profils sowie eine Anzahl lithologisch-stratigraphischer und tektonischer Gesetzmäßigkeiten berücksichtigt, so zeichnen sich im Territorium des östlichen Kaukasusvorlandes bekannte und mögliche Öl- und Gasakkumulationszonen ab, die durch die Praxis bestätigt wurden (BROD 1948, 1955, ALEXIN 1956).

Sowohl im Wolga-Ural-Gebiet, als auch im Kaukasusvorland sind die Öl- und Gaslager am häufigsten in natürlichen Reservoiren enthalten; diese liegen in pelitischen Gesteinen, welche disperses organisches Material enthalten, darunter auch dem Erdöl verwandte Bitumina. Die öl- und gasführende Serie kann in diesen Fällen gleichzeitig als Erdölmuttergesteinsfolge betrachtet werden. In anderen Fällen ist das Erdölausgangsmaterial außerhalb der Erdöl enthaltenden Schicht zu suchen. So muß z. B. die Bildung der massigen Öl- und Gaslager in den Vorsprüngen der kalkig-dolomitischen Schichten mit den tonig-mergeligen Schichtpaketen in Zusammenhang gebracht werden, welche die kalkig-dolomitischen Schichten überdecken oder unterlagern oder mit ihnen an der Oberfläche der faziellen Verschiebung oder der Diskordanz in Berührung gekommen sind (BROD, ZATUROW & NESMEJANOW 1957).

In den intramontanen Trögen Mittel- und Zentralasiens werden Anzeichen und Lager von Öl und Gas in den im oxydierenden Medium entstandenen kontinentalen Ablagerungen gewöhnlich in den Fällen aufgefunden, wenn im geologischen Profil Schichtpakete dunkler subaquatischer Gesteine vorliegen, die bei reduzierenden Verhältnissen zur Ablagerung gelangten.

Es wurden Versuche unternommen, die für die Öl- und Gasakkumulation günstigen Intervalle des Profils zu bestimmen. Sie gründen sich auf eine Anzahl von Merkmalen, welche die Erdölmuttergesteinsfolgen kennzeichnen, ferner auf die Beziehungen zwischen Erdölmuttergesteinen und Speichergesteinen. Versuche dieser Art wurden in verschiedenen Gebieten der UdSSR unternommen (ULJANOW 1951, USPENSKAJA 1952, BROD 1952, 1955, 1957, WASSOJEWITSCH & USPENSKIJ 1954, TROFIMUK 1955, MAXIMOW 1955, KONJUCHOW 1956, BAKIROW 1957, DWALI & DROBYSCHEW 1957, MAIMIN 1957, MECHTIJEW 1957, MIRTSCHINK 1957, Geol. Sammelbd. Nr. 1 — 1955, Nr. 2 — 1956), als auch in anderen Ländern (VAN TUYE u. a. 1945, WILCOX 1945, GUSSOW 1955, HOBSON 1956 und viele andere).

In den Gebieten, wo die Öl- und Gasführung mit Schichten zusammenhängt, die unter oxydierenden Bedingungen entstanden sind und die keine Umwandlung der dispersen organischen Substanzen in Bitumina zulassen, wird die Hauptaufmerksamkeit darauf gerichtet, die Bedingungen zu ermitteln, welche die Bildung von Öl- und Gaslagern durch Umlagerung in andere, möglicherweise Erdölmuttergesteinsfolgen, begünstigen. So hängen z. B. in Aserbaidshan und Turkmenistan die gewaltigen Öl- und Gasakkumulationen in der produktiven, kontinentalen Serie des Pliozäns mit Strukturzonen zusammen, welche eine vertikale Umlagerung der Kohlenwasserstoffverbindungen aus älteren Erdölmuttergesteinsschichten begünstigen (GUBKIN 1934, GORIN 1940, MECHTIJEW 1957 u. a.). In diesen Fallen entstehen gewaltige Öl- und Gasakkumulationszonen, die zahlreiche Lagerstätten in sich vereinigen. Diese Lagerstätten entstanden durch Migration der Kohlenwasserstoffverbindungen, wobei diese Verbindungen im wesentlichen aus miozänen und paläogenen Schichten stammen, die unter der produktiven Folge liegen.

Wenn auch einige Forscher (KUDRJAWZEW 1951, 1955, PORFIRJEW 1952, 1955) behaupten, daß die Lehre von der Entstehung des Erdöls aus dispersem organischem Material in eine Sackgasse geraten sei, so ist doch indessen im Laufe der letzten 10—15 Jahre viel mehr getan worden als in den vergangenen 60 Jahren.

In den letzten Jahren wurde nachgewiesen, daß ausnahmslos in fast allen tonigen, tonig-alevrolithischen, sandig-tonigen und mergeligen Gesteinsvarietäten, die im reduzierenden Medium entstanden, immer in wechselnden Mengen bituminöse, dem Erdöl verwandte Substanzen enthalten sind (JEREMENKO, MAXIMOW & TCHOSTOW 1949, STRACHOW & RODIONOWA 1954, TEODOROWITSCH 1952, 1954, JURKEWITSCH 1955, BROD & LEWINSON 1955, Sammelband Nr. 1 — 1955, Nr. 2 — 1956 KONJUCHOW 1956, WASSOJEWITSCH 1957, MAIMIN 1957). Das Auftreten bituminöser, mit dem Erdöl verwandter Substanzen wurde nicht nur in Gesteinen festgestellt, sondern auch in rezenten und quartären subaquatischen Sedimenten. Gleichzeitig wurden Umbildungserscheinungen dieser bituminösen Substanzen konstatiert. Mit zunehmender Verdichtung der Sedimente bildeten sich Substanzen, die mehr und mehr den im Erdöl vorkommenden Kohlenwasserstoffen ähnelten (WEBER 1951, 1955, SMITH 1954, 1955).

Es wird der Zerfallsprozeß organischer Substanzen umrissen, wobei bituminöse Neubildungen auftreten, die offensichtlich durch Disproportionierung des Wasserstoffs entstehen (BROD & MECHTIJEW 1953, Geol. Sammelbd. Nr. 1 — 1955, Nr. 2 — 1956, BROD & JEREMENKO 1957, WASSOJEWITSCH 1957). Vermutlich erfolgt bei der Verfestigung der pelitischen Gesteine eine allmähliche Metamorphisierung aller Bestandteile der Gesteine, und in erster Linie eine gesetzmäßige Veränderung sowohl des kohligen Hauptteils als auch des bituminösen Begleitteils. Die Umbildung des kohligen Anteils der dispersen organischen Substanz geht über das Braunkohlen- und Steinkohlenstadium bis zum Graphit. Diese Erscheinung wird offensichtlich davon begleitet, daß in den Subkapillarporen, die sich immer mehr mit Bitumenverbindungen anreichern, Wasserstoff entsteht. Vergleicht man die Elementzusammensetzung und die Komponentenzusammensetzung der bituminösen Substanzen, die in den Subkapillarporen der pelitischen Gesteine verstreut sind, mit dem Erdöl, das die Überkapillarporen der Speichergesteine sättigt, so kommt man zu dem Schluß, daß eine genetische Ähnlichkeit vorliegt, daß aber gleichzeitig eine Anzahl von Unterschieden zu verzeichnen ist, die vom physikalisch-chemischen Zustand dieser Substanzen abhängen. Daher muß man die Bildung des Erdöls als einer Substanz mit charakteristischen Eigenschaften in Zusammenhang bringen mit dem Prozeß, bei dem die bituminösen Substanzen, die im dispersen, schwach gebundenen Zustand in den Subkapillarporen vorliegen, in die Lösung eines Gemisches von Kohlenwasserstoffen, Harzen und Asphalten in Wasser übergehen, welches die Speichergesteine sättigt. Man muß diesen Vorgang auch mit der nachfolgenden Akkumulation des Öls und Gases in den Fallen in Zusammenhang bringen (FASH 1944, BROD 1951, 1953, 1957, WEBER 1955).

Unter Zugrundelegung der aufgefundenen Gesetzmäßigkeiten und der Verhältnisse zwischen Erdölmuttergesteinen und Speichergesteinen wurden in den letzten Jahren Versuche unternommen, Bitumenbildungszyklen zu rekonstruieren, denen die Erdölmuttergesteinskomplexe und die regionalen lithologisch-stratigraphischen Komplexe entsprechen (JEREMENKO, MAXIMOW & TCHOSTOW 1949, BROD 1951, KONJUCHOW 1956).

Die Betrachtung der Gesetzmäßigkeiten, welche die regionale Veränderung der lithologischen Zusammensetzung und die regionale Mächtigkeitsveränderung der die Öl- und Gasakkumulationen begünstigenden lithologisch-stratigraphischen Komplexe regieren, gibt die Möglichkeit, in erster Annäherung Höffigkeitskarten der Öl- und Gasführung für jeden ausgesonderten Gesteinskomplex anzufertigen. Das wurde auch z. B. im Jahre 1955 für das östliche Kaukasusvorland getan (BROD 1957).

Dem Wesen nach hängen die meisten der in der UdSSR, in Nord- und Südamerika und in der letzten Zeit auch im Nahen und Mittleren Osten entdeckten großen Öl- und Gasakkumulationszonen mit den stabilen Durchbiegungsgebieten der Erdkruste zusammen, in deren Profil lithologisch-stratigraphische Komplexe, die man als Erdölmuttergesteine betrachten kann, einen bedeutenden Platz einnehmen (HOWARD 1941, 1944, 1947, KAUFMANN 1951, BROD 1951 u. a.).

Die gegen Ende des vorigen Jahrhunderts entstandene Lehre von den Erdölmuttergesteinsfolgen und den regional verbreiteten öl- und gasführenden Folgen wandelt sich allmählich in eine geschlossene Theorie um. Diese Theorie gibt die Möglichkeit, begründete Prognosen auszusprechen und die Aussichten für die Öl- und Gasführung großer Territorien und einzelner Öl- und Gasakkumulationszonen innerhalb dieser Territorien vergleichend einzuschätzen.

## Die regionalen Öl- und Gasakkumulationsverhältnisse

Obgleich in den ersten Arbeiten, die sich mit der Klassifikation der Öl- und Gasakkumulationen befaßten (CLAPP 1910–1930, GUBKIN 1932 u. a.), der Begriff der Zonarität der Verbreitung der Öl- und Gasakkumulationen noch nicht deutlich formuliert wurde, so ist er doch dem Wesen nach bei der Beschreibung der einzelnen Gruppen der Akkumulationen zugrunde gelegt worden. Bis zu den dreißiger Jahren des 20. Jahrhunderts war die Aufmerksamkeit der Forscher im wesentlichen darauf gerichtet, den zonaren Zusammenhang zwischen vielen Öl- und Gasakkumulationen und großen Antiklinalzonen aufzufinden.

Der Begriff der gesetzmäßigen zonaren Verbreitung vieler Öl- und Gasfallen an den Rändern der großen Durchbiegungsgebiete der Erdkruste wurde am vollständigsten von A. I. LEVORSEN formuliert (1936, 1954). Hierbei stellte LEVORSEN dem Strukturprinzip der Öl- und Gasakkumulation die Fallen des stratigraphischen Typs gegenüber, die beim lithologischen Auskeilen oder bei diskordanter Überdeckung der öl- und gasführenden Folgen entstehen.

Das Prinzip, die öl- und gasführenden Zonen in zwei genetische Gruppen einzuteilen, nämlich in Strukturzonen und stratigraphische Zonen, hat sich als gerechtfertigt erwiesen.

Im Jahre 1937 formulierte I. M. GUBKIN den Leitsatz, daß die Erdölsammelfelder für die Antiklinalzonen, mit denen zahlreiche Öl- und Gaslagerstätten zusammenhängen, an den Synklinalsenken liegen (GUBKIN 1940).

Der in der Literatur angeführte Begriff der Öl- und Gasakkumulationszonen (BROD 1946) hängt unlöslich mit dem Begriff der Öl- und Gassammelfelder zusammen. Wenn man berücksichtigt, daß in den abgesunkenen Teilen die pelitischen Gesteine im Vergleich zu den gehobenen Zonen unter größerem Druck stehen, dann muß die Differentiation der bituminösen Substanzen, wobei die beweglichsten Teilchen in das Speichergestein abgegeben werden, in Richtung vom Erdölsammelfeld zur Öl- und Gasakkumulationszone verlaufen.

Die bituminösen Substanzen, die in den Subkapillarporen der pelitischen Gesteine wandern und in gut durchlässige Speichergesteine geraten, stehen in engem Zusammenhang mit dem in diesem Gestein frei beweglichen Wasser. Bei der Differentiation der beweglichen Substanzen wird in den Speichergesteinen das Öl zusammen mit dem Gas abgetrennt, oder es wird reines Gas abgetrennt. Es bilden sich Lager in einzelnen Fallen. Zahlreiche mit Öl und Gas erfüllte Fallen bilden dann Lagerstätten, die wiederum Teile der Öl- und Gasakkumulationszonen sind (BROD 1946, 1951, 1957).

Die Fragen der regionalen Differentiation von Öl und Gas innerhalb der natürlichenReservoire, wobei sich diese Substanzen in zahlreichen Fallen akkumulieren, wurden eingehend durch den kanadischen Forscher W. C. GUSSOW behandelt. W. C. GUSSOW arbeitete eine geschlossene Theorie der Differentiationsakkumulation aus. Diese Theorie erklärt eine Anzahl von Gesetzmäßigkeiten, welche die Gesetzmäßigkeiten der Verteilung von reinen Gaslagern, Erdöllagern mit Gaskappe und reiner Erdöllager in den verschiedenen Fallen ein und desselben Reservoirs regieren (GUSSOW 1954). Eine Anzahl von Thesen dieser Theorie wurde auf einer speziellen Diskussionstagung kritisiert, deren Ergebnisse danach veröffentlicht wurden (Discussion 1955). Es wurde festgestellt, daß die von W. C. GUSSOW ermittelten Gesetzmäßigkeiten nur im Idealfall vorliegen. Diese gesetzmäßigen Beziehungen werden gestört, wenn sich die Neigung der Schichten verändert, wenn sich die Absenkungstiefe der Fallen erhöht oder erniedrigt und wenn der Zustrom des Erdöls aus der Tiefe auf Spalten erfolgt. Gleichzeitig gibt es keine Meinungsverschiedenheit darüber, daß die Öl- und Gaslager durch Differentiation der Fluida bei ihrer Umlagerung in gut durchlässigen Gesteinen entstehen.

In den Strukturen der Öl- und Gasakkumulation erfolgt die Speisung mit Kohlenwasserstoffverbindungen gewöhnlich von zwei Seiten her. Die zur Zusammensetzung des Erdöls gehörenden Substanzen werden aus den Synklinalsenken in die gehobensten Teile der Brachyantiklinalen und Kuppen, die zu Antiklinalzonen gehören, umgelagert, und sie werden als Öl- bzw. Gaslager entweder in den Scheiteln der Antiklinalen oder in abgeschirmten Fallen akkumuliert. Diese abgeschirmten Fallen stehen mit den Flanken oder den Periklinalen der Antiklinalzonen in Zusammenhang.

Mit der Speisung der Öl- und Gasakkumulationszonen des stratigraphischen Typs durch bituminöse Substanzen verhält es sich etwas anders. Diese Zonen vereinigen zahlreiche Fallen, die in Homoklinalen oder Monoklinalen in Zusammenhang mit einem regionalen lithologischen Auskeilen oder einer Diskordanz zusammenhängen. Die Kohlenwasserstoffverbindungen, die sich auf der regionalen Neigung nach oben bewegen, sammeln sich in einzelnen Fallen der verschiedenartigsten Form an. Diese Fallen gruppieren sich am Rande des Auskeilens oder des diskordanten Abschneidens der Speichergesteine. Die Speisung erfolgt hier einseitig; als Öl- und Gassammelfelder dienen hier die nach unten geneigten, daran anschließenden Teile der Homo- und Monoklinalen.

Zahlreiche Beispiele derartiger Öl- und Gasakkumulationsverhältnisse sind in den Arbeiten von LEVORSEN (1936–1954) und vielen anderen angeführt. In der UdSSR wurde eine derartige Öl- und Gasakkumulationszone in der öl- und gasführenden Maikop-Folge des Oligozäns gut studiert; diese Zone liegt im Gebiet Krasnodar, im westlichen Teil der Nordabdachung des Kaukasus (GUBKIN 1912, 1940, HELQUIST 1944, 1956, ULJANOW 1951). Eine einseitige Speisung mit Kohlenwasserstoffen kennzeichnet auch die großen Öllager in den Auskeilzonen der unteren Schichtpakete, der produktiven Folge des Pliozäns auf der Halbinsel Apscheron (MIRTSCHINK 1943, 1955, GORIN 1946, MECHTIJEW 1949, 1957, BABA-SADE 1956).

Für die Klärung der Bildungsbedingungen der Öl- und Gasakkumulationszonen ist es erforderlich, die Gesetzmäßigkeiten in der Verbreitung dieser Zonen und der damit zusammenhängenden Öl- und Gassammelfelder auf großen Territorien zu ermitteln. Amerikanische Geologen (WOODRUFF 1917, SCHUCHERT 1919, LILLEY 1928, VER-WIEBE 1930) führten im ersten Viertel unseres Jahrhunderts für die Bereiche der Erdrinde, mit denen zahlreiche Öl- und Gasakkumulationszonen zusammenhängen, die Bezeichnung „öl- und gasführende Provinz" ein (oil and gas province, — seltener oil-bearing province).

N. J. USPENSKAJA (1947) definiert diesen Begriff folgendermaßen: „Als öl- und gasführende Provinz bezeichnet man ein großes Territorium, in dem Öl- und Gasakkumulationen verbreitet sind. Dieses Gebiet wird durch einen einheitlichen geologischen Bau und eine einheitliche geologische Geschichte gekennzeichnet; es besitzt gleiche Fazies und Strukturtypen. Die Strukturen kontrollieren die Bitumenbildung und Ölakkumulation". Von dieser Definition ausgehend betrachtet N. J. USPENSKAJA als öl- und gasführende Provinzen in manchen Fällen verschiedenaltrige Senken, in anderen wieder große Scheitelhebungen, in dritten Fällen Gruppen von Hebungen in der Abdachung großer Massive usw.

Da dieser Ausdruck, der von den verschiedenen Autoren, darunter auch von den amerikanischen Geologen, die ihn vorgeschlagen haben, verschieden angewandt und verschieden aufgefaßt wird, muß man auf ihn verzichten.

Die Betrachtung der Gesetzmäßigkeiten in der Verbreitung der jetzt bekannten Öl- und Gasakkumulationszonen zeigt, daß es sich um Elemente großer Durchbiegungsgebiete in der rezenten Struktur der Erdkruste handelt. Durch regionale hydrogeologische Untersuchungen wurde nachgewiesen, daß die Richtung des Wasserstroms innerhalb der als natürliche Reservoirs für die beweglichen Substanzen dienenden gut durchlässigen Speichergesteine durch das Lagerungsverhältnis der Speisungs- und Abflußgebiete (Entlastungsgebiete) bestimmt wird. Das Wasser wird bei der Bewegung in diesem oder jenem Grad mit verschiedenen Salzen, häufig mit organischen Säuren gesättigt. In geringen Konzentrationen sind im Wasser auch nicht selten Gemische von Kohlenwasserstoffverbindungen enthalten.

Im Verlauf der Differentiation der beweglichen Substanzen scheiden sich die Kohlenwasserstoffverbindungen bei Änderung von Temperatur und Druck aus dem Wasser ab; wenn in den natürlichen Reservoiren Fallen vorhanden sind, akkumulieren sich diese Verbindungen in diesen Fallen als Öl- und Gaslager.

Die Bildung und Erhaltung der Öl- und Gasakkumulationen in lokalen Fallen wird im wesentlichen durch die hydrogeologischen Verhältnisse bestimmt. Die Verbreitung vieler Akkumulationen, die in Öl- und Gasakkumulationszonen zusammengefaßt werden, hängt mit den *rezenten Lagerungsverhältnissen* mächtiger Gesteinspakete zusammen, in denen sie sich befinden. Der gesetzmäßige Zusammenhang zwischen den bekannten Öl- und Gasakkumulationszonen und den verschiedenartigen Absenkungsgebieten in der rezenten Struktur der Erdkruste diente als Begründung dafür, derartige Senken als öl- und gasführende Becken zu betrachten (BROD 1953). Jedes öl- und gasführende Becken ist ein grandioses artesisches Becken, in dem die Lage der Öl- und Gasakkumulationszonen das gegenwärtige Gleichgewicht der Flüssigkeiten und Gase wiederspiegelt, welche die Speichergesteine bei dem gegenwärtigen Strukturplan und den gegenwärtigen regionalen hydrogeologischen Verhältnissen sättigen.

Die Bedingungen für eine Öl- und Gasakkumulation und die Erhaltung der Öl- und Gaslager müssen für jedes öl- und gasführende Becken selbständig behandelt werden.

Wir teilen alle bekannten öl- und gasführenden Becken auf Grund ihrer geotektonischen Charakteristik und ihrer Öl- und Gasakkumulationsverhältnisse in drei große Gruppen ein:

I. Becken, die mit Senken ebener Tafelgebiete zusammenhängen;

II. Becken intramontaner Tröge;

III. Becken, die mit den Vortiefen junger Faltengebirge zusammenhängen.

Eine allseitige Untersuchung der Bildungsbedingungen der Öl- und Gasakkumulationszonen ist nur dann möglich, wenn alle Veränderungen berücksichtigt werden, die ein gegebener Bereich der Erdkruste im Verlauf seiner geologischen Entwicklungsgeschichte erfahren hat. Die für die Öl- und Gasakkumulation günstigen Verhältnisse zwischen den gut durchlässigen Speichergesteinen und den schwach durchlässigen pelitischen Gesteinen können nur bestimmt werden, wenn man die Gesetzmäßigkeiten erkannt hat, welche die Veränderung der Mächtigkeiten und der lithologischen Zusammensetzung der sedimentären Schichten, aus denen das Becken besteht, regieren. Welche Veränderungen aber auch immer andererseits in der geologischen Vergangenheit in dem Bereich erfolgt sein mögen, wo gegenwärtig die zu betrachtende Zone der Öl- und Gasakkumulation liegt: die entscheidende Bedeutung für ihre Existenz besitzt ihre heutige Lage innerhalb der rezenten Umrisse des Senkungsgebiets, das als öl- und gasführendes Becken zu betrachten ist. Dies folgt daraus, daß die Bildung der elementaren Akkumulation — der Öl- und Gaslager —, welche zur Zusammensetzung der Öl- und Gasakkumulationszonen gehören, im Prozeß der Umlagerung und der Trennung der beweglichen Substanzen in den gut durchlässigen Speichergesteinen vor sich geht, die für diese Substanzen die natürlichen Reservoirs bilden. Die Bildung und Erhaltung jeder elementaren Akkumulation ist nur in einer Falle möglich, welche den Weggang von Öl und Gas nicht zuläßt. In den irgendwann einmal entstandenen Fallen ist die Erhaltung und Auffüllung der Öl- und Gaslager nur dann möglich, wenn die Fallen bis zur Gegenwart erhalten bleiben. Eine Veränderung der Form der Fallen und eine Änderung der regionalen hydrogeologischen Verhältnisse zieht die Zerstörung oder bestenfalls eine Neuverteilung der Fallen nach sich.

Die rezenten Öl- und Gasakkumulationen bringen das jetzt existierende Gleichgewicht der beweglichen Substanzen in den öl- und gasführenden Becken zum Ausdruck.

## Die Rolle der verschiedenen Migrationsformen bei der Bildung der Öl- und Gasakkumulationen

Sowohl die Bildung der einzelnen Lager als auch die Bildung der großen Öl- und Gasakkumulationszonen vollzieht sich im Prozeß der Migration und Differentiation der Substanzen, aus denen Öl und Gas bestehen.

Die Frage der Migration wurde von vielen Forschern während der ganzen Entwicklung der Erdölwissenschaft behandelt. Zusammenfassende Angaben, Analysen des Standes der Frage und Klassifikationen der Migrationsvorgänge wurden in den Arbeiten von E. R. LILLEY (1928), K. KREJCI-GRAF (1930), I. M. GUBKIN (1932, 1937), F. H. LAHEE (1934), E. BLOESH u. a. (1936), V. C. ILLING (1939, 1946), F. M. VAN TUYL, B. I. PARKER & W. W. SKUTERS (1945), I. O. BROD (1947, 1951, 1955, 1957), C. G. LALICKER (1949), K. K. LANDES (1951), N. W. WASSOJEWITSCH & W. A. USPENSKIJ (1954), A. J. KREMS (1954), W. C. GUSSOW (1954, 1955), A. A. BAKIROW (1955), W. F. LIPEZKIJ (1956), W. A. SOKOLOWA (1956), G. D. HOBSON (1956) und in anderen Abhandlungen veröffentlicht, welche die Geologie des Erdöls und Erdgases behandeln.

Der Versuch, alles über die Umlagerung der bituminösen Substanzen, des Gases, Erdöls und seiner Derivate in den die Erdkruste zusammensetzenden Gesteinen und in den einzelnen Schichten Bekannte zu systematisieren, wurde von uns nach ILLING, LAHEE, KREJCI-GRAF und BLOESH in den Jahren 1947–1951 unternommen. Auf Grund dieser Arbeit wurde eine Klassifikation der Migrationsvorgänge in bezug auf die Größenordnung und die Form der Bewegung (Tabelle 1) sowie der Wege und Richtungen der Bewegungen (Tabelle 2) zusammengestellt. Am wenigsten untersucht blieb bis heute die Migration der Ausgangssubstanzen des Erdöls in den Erdölmuttergesteinen.

In den Subkapillarporen der pelitischen Gesteine erfolgt eine langsame molekulare Migration der schwachgebundenen beweglichen Substanzen, innerhalb derer Wasser und die damit reagierenden bituminösen Substanzen die größte Bedeutung besitzen. Die gefalteten, ausbeißenden Sedimentgesteinsschichten werden durch atmosphärisches Wasser und durch Wasserströme gespeist. In den durchlässigen Schichten, die als natürliche Reservoire für die beweglichen Substanzen dienen, erfolgt in den Superkapillarporen eine Wasserzirkulation, die von den höheren Gebieten, wo die Schichten ausbeißen (Speisegebiet), nach unten gerichtet ist. Die Verlagerungsgeschwindigkeit des Wassers ist in den verschiedenen Teilen des Stroms ungleichartig.

Bei seiner Bewegung nimmt das Wasser bituminöse Substanzen mit, die aus den pelitischen Gesteinen umgelagert wurden. Im Verlauf dieser Bewegung erfolgt die Differentiation der beweglichen Substanzen nach dem spezifischen Gewicht bedeutend leichter. Die aus dem Wasser abgeschiedenen, darauf schwimmenden Kohlenwasserstoffverbindungen vereinigen sich und bilden bei vorhandenen Fallen Öl- und Gasakkumulationen.

Die Löslichkeit der Kohlenwasserstoffverbindungen in Wasser verändert sich bei verschiedenen Verhältnissen der verschiedenen Kohlenwasserstoffe und in Abhängigkeit von Temperatur und Druck. Das Wasser, welches bei bestimmten Temperatur- und Druckverhältnissen die Kohlenwasserstoffgemische löst, kann sie bei seiner Umlagerung in andere Verhältnisse zur Abscheidung bringen: daher vollzieht sich die Migration der bituminösen Substanzen im gelösten Zustand. Das Wasser kann auch auf Grund des Kapillardrucks die bituminösen Substanzen aus den kleinen Poren heraus- und in größere Poren hineindrängen. Der Mechanismus der Umlagerung der Kohlenwasserstoffverbindungen unter der Einwirkung der Kapillarkräfte wurde noch nicht in genügendem Maße untersucht. Die Größe des Kapillardrucks hängt von den Eigenschaften der die Poren erfüllenden beweglichen Substanzen, den Eigenschaften der Mineralsubstanz des Gesteins und der Porengröße ab. Die unter dem Einfluß der Kapillarkräfte erfolgende Bewegung der bituminösen Substanzen ist immer von den kleinen Poren zu den großen hin gerichtet. Da die Kapillarkräfte in den feinen Poren viel größer sind als die Schwerkraft, kann die Bewegung nicht nur nach oben, sondern auch nach der Seite hin gerichtet sein. Man kann annehmen, daß die bituminösen Substanzen in den feinen Poren als Molekularfilme umgelagert werden.

Man kann jede Umlagerung, d. h. die Migration der beweglichen, darunter auch der bituminösen Substanzen in den Subkapillarporen der Erdölmuttergesteine, als molekulare syngenetische Migration betrachten. Die Umlagerung in den Subkapillarporen außerhalb der Muttergesteinsfolge ist eine epigenetische molekulare Migration.

In den Subkapillarporen und in den Spalten erfolgt eine Umlagerung der beweglichen Substanzen. Man kann diesen Vorgang als freie Migration des Wassers und der mit ihm zusammenhängenden Kohlenwasserstoffverbindungen betrachten. Die freie Migration geht nach den Gesetzen vor sich, welche die Filtration der beweglichen Substanzen in den Superkapillarporen der gut durchlässigen Gesteine lenken. Im Gegensatz zur molekularen Migration werden bei der freien Migration bedeutende Substanzmassen in Bewegung gesetzt, — dieser Vorgang kann seinen Ausmaßen nach sowohl lokale als auch umfassende regionale Bedeutung besitzen.

Mit der lokalen Migration, d. h. mit der Migration von örtlicher Bedeutung hängt die Bildung einer Lagerstätte zusammen. Unter dieser Bezeichnung sind Vorgänge zu verstehen, die nicht über die Grenzen eines Strukturelements hinausgehen, welches die Bildung einer gegebenen Lagerstätte kontrolliert. Eine Lagerstätte besteht aus vielen Öl- bzw. Gaslagern, im Sonderfall aus einem.

Die regionale Migration ist ein Vorgang, der die Bildung einer Lagerstättengruppe bedingt, die gesetzmäßig mit einer oder mehreren Öl- und Gasakkumulationszonen zusammenhängt. Die große Senken erfassende regionale Migration kann die Bildung vieler Öl- und Gasakkumulationszonen bedingen, die ihrerseits wieder Elemente eines einheitlichen öl- und gasführenden Beckens sind.

Hinsichtlich der Bewegungsbahnen kann man jede Umlagerung der beweglichen Substanzen innerhalb der Gesteine, die Superkapillarporen und Spalten besitzen, als innerhalb des Reservoirs vor sich gehende Migration betrachten. Die Umlagerung der beweglichen Substanzen auf den Subkapillarporen und den klaffenden Spalten der schwach durchlässigen Gesteine, welche die natürlichen Reservoire untereinander abtrennen, kann man als außerhalb des Reservoirs vor sich gehende Migration betrachten. Sowohl bei der innerhalb des Reservoirs erfolgenden als auch bei der außerhalb des Reservoirs erfolgenden Migration kann die Bewegung der beweglichen Substanzen in vertikaler und in seitlicher Richtung vor sich gehen.

Mit der Untersuchung der Kräfte, welche diese beiden Migrationsformen hervorrufen, befassen sich zahlreiche Arbeiten.

Jede beliebige bewegliche Substanz, die sich während der Ablagerung eines Sediments in diesen Poren befindet, muß entweder an der Zusammensetzung des Sediments teilnehmen oder bei dessen Verdichtung umgelagert werden. Die beweglichen Substanzen wandern in den sich verdichtenden Sedimenten nach dem Gebiet mit niedrigerem Druck hin. Bei der Verfestigung der Sedimente werden vor allem das freie Wasser und die damit verbundenen Substanzen entfernt. Für die Bitumenbildung und die Öl- und Gasakkumulation spielt der nachfolgende Migrationsprozeß, der die Verfestigung der Gesteine bei ihrer Konsolidierung begleitet, die Hauptrolle. Bei der Verfestigung der pelitischen Gesteine werden die Abmessungen der Subkapillarporen ständig herabgesetzt, wodurch das schwach gebundene Wasser langsam entfernt wird. Aller Wahrscheinlichkeit nach werden gleichzeitig auch die beweglichsten organischen Verbindungen entfernt.

Es ist anzunehmen, daß sich alle die grundlegenden Umbildungen der organischen Substanzen in den pelitischen Gesteinen bei der Migration in den Subkapillarporen vollziehen. Mit der Verfestigung der pelitischen Gesteine erfolgt gleichzeitig eine langsame Metamorphose, die vom Zerfall der organischen Substanz begleitet wird. Beim Zerfall disproportioniert wahrscheinlich der Wasserstoff, wobei einerseits immer stabilere kohlige Verbindungen entstehen, andererseits bewegliche bituminöse Teilchen. Die letzteren werden zusammen mit dem schwach gebundenen Wasser entfernt.

Im Verlauf der Subkapillarmigration ändert sich der kohlige Hauptanteil der dispersen organischen Substanzen in Richtung der Inkohlung, wodurch im Endstadium der Umwandlung Graphit entsteht. Die sich bei der Anreicherung mit Wasserstoff abscheidenden bituminösen Substanzen müssen sich hierbei über Asphalthene und Harze zu Ölen, bis zum Methan, verändern. Anscheinend werden die beweglichsten Substanzen, die sich differenzieren, zusammen mit Anteilen des schwach gebundenen Wassers entfernt; wenn Speichergesteine vorhanden sind, migrieren sie in diese hinein. Auf diese Art verläuft wahrscheinlich die Umlagerung der bituminösen Substanzen: anfangs syngenetische Migration in den Subkapillarporen, dann freie Migration zusammen mit Wasser in den natürlichen Reservoiren, in die Fallen hinein, wo sich die Öl- und Gaslager bilden. Die Entstehung eines Öllagers (Gaslagers) in den allseitig von schwach durchlässigen Gesteinen umschlossenen natürlichen Reservoiren vollzieht sich im wesentlichen durch Umlagerung der Kohlenwasserstoffverbindungen aus den Subkapillarporen der pelitischen Gesteine in die Superkapillarporen der Speichergesteine. Die innerhalb eines Reservoirs verlaufende Migration der beweglichen Substanzen in den Subkapillarporen hängt untrennbar mit der Verfestigung der Gesteine zusammen: sie existiert daher nur bis zu ihrer Lithifizierung, d. h. bis zum Verlust ihrer Plastizität.

Die freie, außerhalb des Reservoirs erfolgende Migration durch die verschiedenartigen Gesteinsschichten hängt damit zusammen, daß große Massen beweglicher Substanz aus Gebieten mit höherem Druck auf klaffenden Spalten und Brüchen umgelagert werden. Die Massen des Wassers können auf ihrem Wege die bituminösen Substanzen erfassen und sie im gasförmigen, bisweilen auch im flüssigen Zustand aus der Erdölmuttergesteinsfolge in die darüberliegenden Speichergesteine transportieren.

Bei der Akkumulation der Kohlenwasserstoffverbindungen in den Fallen spielt das Wasser für die innerhalb des Reservoirs erfolgende Migration die Hauptrolle. In den natürlichen Reservoiren erfolgt bei der Umlagerung des Wassers mit den darin gelösten bituminösen Verbindungen eine Differentiation der beweglichen Substanzen. Eine Abscheidung von freiem Gas und flüssigem Erdöl kann nur eintreten, wenn Bedingungen gegeben sind, die eine Akkumulation dieser Stoffe in der Falle gestatten.

Daher werden auf dem Wege zur Bildung jedes Lagers die bituminösen Substanzen in den Subkapillarporen molekular umgelagert, dann erfolgt eine freie Umlagerung innerhalb des natürlichen Reservoirs auf dem Wege zur Falle, wobei sich die Öl- und Gaslager im Augenblick der Akkumulation des Gemisches der Kohlenwasserstoffe in den Fallen bilden.

Aus dem Gesagten folgt, daß die Migration eine der Bewegungsformen im Gesamtprozeß der Öl- und Gasbildung und der Öl- und Gasakkumulation in der Erdkruste ist.

Die Entstehung der Öl- und Gasakkumulationszonen erfolgt jedoch beim Auftreten einer ganzen Anzahl der oben erwähnten Migrationsformen der beweglichen Substanzen.

## Wichtigste Folgerungen

Zum Abschluß muß man darauf hinweisen, daß die Geologen, Geochemiker, Physikochemiker, Mathematiker und Physiker der ganzen Welt einen großen Beitrag zur Lösung dieser Frage, nämlich der Bildung der Öl- und Gasakkumulationen, geleistet haben. Das heißt nun nicht, daß alle Fragen bereits gelöst worden sind, aber es ist sehr viel getan worden, da für eine ganze Anzahl großer Territorien, sowohl von Geosynklinal- als auch von Tafelgebieten, diejenigen Gesteinsschichten festgestellt wurden, mit denen Öl- und Gasakkumulationen regional und genetisch zusammenhängen. Man kann heute schon ganz konkret von den geologischen und geochemischen Verhältnissen sprechen, welche die Bildung dieser Gesteinsschichten kennzeichnen, die sowohl die Öl- und Gaslager als auch eine riesige Menge disperser organischer Substanzen enthalten. Untersucht wurden Öl, Gas und die Wässer, welche die natürlichen Reservoire sättigen, in denen die Bildung der Lager vor sich ging. Untersucht sind auch die Speichereigenschaften und die mineralogische Zusammensetzung der Speichergesteine, aus denen diese Reservoire bestehen. Untersucht wurde auch die Zusammensetzung der wenig durchlässigen Nebengesteine. In den letzteren wurden die wichtigsten Eigenschaften der dispersen organischen Substanzen und die geochemische Charakteristik der Gesteine untersucht.

Die Existenz von freiem Öl und Gas (in Form von Lagern) in den Speichergesteinen, aus denen die natürlichen Reservoire bestehen, steht außer Zweifel. Die freie Umlagerung, d. h. die Migration von Wasser, Öl und Gas ist durch unmittelbare Beobachtungen festzustellen. Als Beispiel für eine derartige Migration können die reichlich auftretenden Öl- und Gasaustritte dienen, die in den auf der ganzen Erde bekannten Gebirgs- und Vorgebirgsgebieten bekannt sind; das hängt damit zusammen, daß in stark gestörten Gebieten zahlreiche Wanderwege existieren — Brüche und Spalten, welche die Migration des Öles und Gases erleichtern.

In schwach dislozierten Gebieten, die keine derartig intensiven Öl- und Gasaustritte aufweisen, erfolgt die Migration trotzdem mit größerer oder geringerer Energie unter der Oberfläche. Die Umlagerung und Neuverteilung der beweglichen Substanzen — Gas, Öl und Wasser — innerhalb der natürlichen Reservoire wird durch ihre ganz gesetzmäßige Anordnung nach dem spezifischen Gewicht in den gut durchlässigen Schichten, die voneinander durch schwach durchlässige Tone getrennt werden, bewiesen. Mit dieser Erscheinung hängt zusammen, daß die Öl- und Gaslager gesetzmäßig an Fallen gebunden sind, die in Verbindung mit lokalen Strukturelementen Öllagerstätten bilden, die sich wiederum zu Öl- und Gasakkumulationszonen gruppieren. Bei dem Problem der Bildung der Öl- und Gasakkumulationen besteht eine der wichtigsten Aufgaben darin, die Frage der genetischen Gesetzmäßigkeit des sich in den Fallen akkumulierenden Öls und Gases mit den in den Subkapillarporen der Gesteine befindlichen bituminösen Substanzen zu lösen, wobei diese Gesteine als Muttergesteine betrachtet werden. Für die Lösung dieser Aufgabe ist es erforderlich, nicht nur die in den Gesteinen in disperser Form vorliegende organische Substanz im Laboratorium eingehend zu untersuchen, sondern man muß auch die Umwandlung dieser Substanz detailliert erforschen. Dabei kommt es darauf an, im Laboratorium die Verhältnisse zu reproduzieren, die den physikalisch-chemischen Umwandlungen ähnlich sind, welche die beweglichen bituminösen Substanzen bei ihrem Übergang aus dem dispersen molekularen Zustand, in dem sie in den Subkapillarporen der pelitischen Gesteine vorliegen, in die Superkapillarporen der mit Wasser gesättigten Speichergesteine erfahren. Diese beweglichen Substanzen bestehen aus verschiedenen Gemischen von Asphalthenen, Harzen und Ölen. Obwohl die aus den pelitischen Gesteinen extrahierbaren leichten bituminösen Substanzen eine Reihe gemeinsamer Züge mit dem Erdöl aufweisen, unterscheiden sie sich doch von dem Erdöl, welches die Lager in den Speichergesteinen bildet. Dies ist auch vollkommen verständlich, da die physikalisch-chemischen Umwandlungen der Stoffe in den Subkapillarporen der pelitischen Gesteine einerseits und in den Superkapillarporen der Speichergesteine andererseits auf verschiedene Art verlaufen. Folglich ist das Erdöl, welches wir als eine verhältnismäßig homogene, die gut durchlässigen porösen und klüftigen Gesteine sättigende Masse kennen, im allgemeinen den bituminösen Substanzen ähnlich, aber hinsichtlich einer Anzahl von Eigenschaften unterscheidet es sich von den in den pelitischen Gesteinen dispers verteilten bituminösen Substanzen. Offenbar existiert Erdöl als eine bestimmte Form eines Massengemischs von Kohlenwasserstoffverbindungen nur in solchen Gesteinen, in denen eine freie Umlagerung und Differentiation der Flüssigkeiten und Gase möglich ist. Die früheren chemischen Schemata, welche die Umwandlung von organischen Substanzen in Erdöl zu erfassen versuchten, hatten nicht berücksichtigt, daß beim Übergang der in den Subkapillarporen der „schlammigen" Gesteine dispers verteilten Kohlenwasserstoffverbindungen in die gut durchlässigen porösen Gesteine sich nicht nur eine bedeutende quantitative, sondern auch qualitative Veränderung vollzieht. Es handelt sich hierbei um einen physikochemischen Vorgang und zu seiner Erkenntnis bedarf es zielgerichteter Experimente im Laboratorium.

Bedeutende Meinungsverschiedenheiten gibt es auch bei der Deutung des Vorgangs, der die Umlagerung der bituminösen Substanzen gemeinsam mit dem Wasser innerhalb der natürlichen Reservoire beinhaltet. Strittig sind noch die Maßstäbe dieser Erscheinung und ihr Mechanismus. Es ist unklar, in welchem physikalischen Zustand die Kohlenwasserstoffverbindungen gemeinsam mit dem Wasser auf dem Wege zu den Fallen migrieren, wo die Bildung der Öl- und Gaslager erfolgt.

Umfassend diskutiert werden die Vorgänge der physikalisch-chemischen Umwandlungen, die die Erdöle im Verlauf der geologischen Ereignisse bei der Veränderung von Temperatur und Druck erfuhren.

Unter dem Gesichtspunkt der über die Öl- und Gasakkumulationszonen als die Elemente großer rezenter Senkungsgebiete der Erdkruste formulierten Thesen erhebt sich die Frage, ob die jetzt bekannten Öl- und Gasakkumulationen einerseits und die Fallen andererseits gleichaltrig sind. In diesem Zusammenhang ist es außerordentlich wichtig, das Alter des Öls und Gases in den Fallen zu ermitteln.

Trotz des Umstandes, daß noch eine ganze Reihe von Fragen offenbleibt, gibt das angeführte Schema die Möglichkeit, die Hauptbedingung der Öl- und Gasakkumulation in der Erdkruste zu formulieren, welche die Methodik der Such- und Erkundungsarbeiten und die vergleichende Einschätzung der Aussichten für die Öl- und Gasführung großer Territorien bestimmt.

Eine derartige Hauptbedingung ist die langandauernde und ständige Absenkung eines bestimmten Krustenbereiches, wobei die Tendenz der Absenkung, die Tendenz des Eintauchens und der Einbettung der

Tabelle 1

Klassifikation der Migrationsvorgänge nach Form und Umfang der Bewegungen

| Hauptgruppen der Migrationsvorgänge (nach dem Umfang der Bewegung) | Hauptarten der Migration (nach der Form, dem Charakter) der Bewegungen | Molekulare Migration (durch Diffusion, in Form feinster Filme) | Freie Migration |
|---|---|---|---|
| Lokale Migration | Durch die Strukturverhältnisse kontrolliert | Innerhalb einzelner Strukturhebungen | |
| | | In Zusammenhang mit örtlichen Brüchen an Monoklinalen und Homoklinalen | |
| | Durch die stratigraphischen Verhältnisse kontrolliert | In Zusammenhang mit lokalen lithologischen Änderungen der Gesteine | |
| | | Längs Diskordanzflächen bei örtlichen Lücken | |
| Regionale Migration | Durch die Strukturverhältnisse kontrolliert | In Zusammenhang mit einer regionalen Neigung der Gesteine | |
| | | In Zusammenhang mit Antiklinalzonen regionaler Bedeutung | |
| | | In Zusammenhang mit regionalen Brüchen | |
| | Durch die stratigraphischen Verhältnisse kontrolliert | Längs Diskordanzflächen bei regionalen Schichtlücken | |
| | | In Zusammenhang mit Zonen regionalen Fazieswechsels | |

Tabelle 2

Klassifikation der Migrationsvorgänge nach den Bewegungsbahnen

| Varietät | Migration außerhalb des Reservoirs (in schwach durchlässigen Gesteinen) | | Migration innerhalb des Reservoirs (in gut durchlässigen Gesteinen) | |
|---|---|---|---|---|
| Im Verhältnis zu den Gesteinsfolgen, in denen die Umlagerung erfolgt | Syngenetisch (im Sediment, wo die Akkumulation und Umbildung der organischen Substanzen erfolgt) | Epigenetisch (durch mächtige Schichten verschiedenartiger Gesteine hindurch) | Innerhalb einer Schicht | Innerhalb mächtiger Folgen, die aus gut durchlässigen Schichten bestehen |
| Nach dem Typ der Bewegungsbahnen | In Kapillaren (kapillar) | | In Poren | |
| | Auf Brüchen und Klüften | | Auf Klüften | |
| Nach der Richtung der Bewegung | Seitlich | | | |
| | Vertikal | | | |

Sedimente sowohl bei den kleinen als auch den großen (weit gespannten) Schwingungsbewegungen der Erdkruste vorherrscht (BROD 1947, 1951). Nur die Absenkung des Sediments in eine bedeutende Tiefe und seine Überdeckung mit schwer durchlässigen Ablagerungen können gewährleisten, daß die organische Substanz erhalten bleibt und dann unter Bildung immer neuer Anteile beweglicher Bitumina zerfällt. Die Absenkung bewahrt auch die entstandenen Kohlenwasserstoffe vor der Dispersion im Wasserbecken. Bei allen Umbildungen wird nur ein gewisser, in den Sedimenten eingebetteter Teil der organischen Substanz zu Kohlenwasserstoffverbindungen umgewandelt, er bildet bei günstigen Bedingungen Öl- und Gaslager.

Ein bedeutend größerer Teil bleibt in Form disperser kohliger Teilchen in den Gesteinen erhalten und kann leicht durch entsprechende Untersuchungen nachgewiesen werden.

Folglich entstehen die Kohlenwasserstoffverbindungen, welche die Grundlage des Erdöls bilden, im Prozeß des Kampfes zweier entgegengesetzter Tendenzen, wobei die Absenkungsbewegungen gegenüber den Hebungsbewegungen dominieren. Dies gilt sowohl für kleine als auch für große Schwingungsbewegungen eines gegebenen Bereiches der Erdkruste.

Wenn die Erdölmuttergesteinsformationen Zwischenlagen und Sandlinsen oder Schichten anderer gut durchlässiger Gesteine enthalten, dann werden beim Absenken der ganzen Sedimentserie die beweglichen Substanzen aus den pelitischen Gesteinen in die gut durchlässigen Speichergesteine umgelagert. Die Speichergesteine werden durch Belastung der hangenden Schichten geringer verfestigt als die pelitischen Gesteine. Die beweglichen bituminösen Substanzen sind beim Übergang aus den Subkapillarporen in die Superkapillarporen und die Klüfte der Speichergesteine offenbar im Wasser gelöst und sie werden zusammen mit dem Wasser umgelagert. Bei dieser Bewegung differenzieren sich die beweglichen Substanzen innerhalb der natürlichen Reservoire.

In den natürlichen, allseitig von pelitischen Gesteinen umschlossenen Reservoiren füllen die Kohlenwasserstoffverbindungen allmählich die Falle aus, und sie können ein allseitig geschlossenes Öl- bzw. Gaslager bilden. Wenn sich die natürlichen Reservoire über eine große Entfernung erstrecken, akkumulieren sich die aus dem Wasser abgeschiedenen Kohlenwasserstoffverbindungen in verschiedenen strukturellen Biegungen, in Auskeilzonen, Zonen diskordanter Überlagerung der Schichten und in allen anderen Bereichen der natürlichen Reservoire, die für die Kohlenwasserstoffverbindungen als Falle dienen können.

Beim Sieg der Tendenz der Absenkung über die Tendenz der Hebung bleiben die Öl- und Gaslager, die sich in den Fallen gebildet haben, eingebettet. Dieser Vorgang ist für die Erhaltung der Lager so lange günstig, solange die Lager nicht hohen Temperaturen und Drücken ausgesetzt werden, welche das Erdöl zerstören und dispergieren.

Folglich ist der Sieg der Absenkung über die Tendenzen der Hebung sowohl bei den großen als auch bei den kleinen Schwingungen der oberen Teile der Erdkruste die Hauptbedingung nicht nur für die Öl- und Gasbildung, sondern auch für die Öl- und Gasakkumulation. Diese Bedingung, die man als Grundgesetz der Öl- und Gasakkumulation betrachten kann, muß als Hauptkriterium bei der Einschätzung der Aussichten hinsichtlich der Öl- und Gasführung großer Territorien dienen.

## Literatur

Aus dem 118 Titel umfassenden Literaturverzeichnis konnten wir nur einige Arbeiten sowjetischer Autoren auswählen, die in den letzten Jahren erschienen sind. Die Redaktion ist gern bereit, Interessenten weitere Auskünfte zu diesem Literaturverzeichnis zu geben. D. Red.

BAKIROW, A. A.: Geotektonische Voraussetzungen für das Aufsuchen neuer großer öl- und gasführender Gebiete auf dem Territorium der Mittelasiatischen Republiken. – Sowjetische Geologie, Bd. 57, 1957.
– Die Rolle der großen Strukturelemente des Untergrundes der Russischen Tafel bei der Bildung regionaler Öl- und Gasakkumulationszonen. – Aus dem Buch: „Erfahrungen bei der Untersuchung der Geologie des kristallinen Untergrundes der Russischen Tafel mit Hilfe von Basisbohrungen". – Gostoptechisdat, 1954.
BROD, I. O. & N. A. JEREMENKO: Grundlagen der Öl- und Gasgeologie. – Gostoptechisdat, 1957.
BROD, I. O., ZATUROW, A. I. & D. W. NESMEJANOW: Die Perspektiven der Öl- und Gasführung in den mesozoischen Karbonatschichten des östlichen Kaukasusvorlandes. Erdölgeologie (russ.), Nr. 3, 1957.
DWALI, M. F. & D. W. DROBYSCHEW: Kriterien zur Prognose der Erdölführung in der Praxis der Sucharbeiten in der UdSSR. — Materialien zum 20. Internationalen Geologenkongreß. Materialien zur Erdölgeologie, Bd. I, Gostoptechisdat, 1957.
KUDRJAWZEW, N. A.: Der gegenwärtige Stand des Problems der Erdölentstehung. — Aus dem Buch: „Materialien der Diskussion über die Frage der Entstehung und Migration des Erdöls. Verlag der Akademie der Wissenschaften der Ukrainischen SSR, Kiew 1955.
LINEZKIJ, W. F.: Geologisch-physikalische Grundlagen der Ölmigration. – Autorreferat der Dissertation zur Erlangung des gelehrten Grades eines Doktors der geologisch-mineralogischen Wissenschaften, Lwow 1956.
MAIMIN, S. L.: Zu den Bildungsbedingungen des Erdöls im Paläozoikum des östlichen Teils der Russischen Tafel. — Materialien zum 20. Internationalen Geologenkongreß. Materialien zur Erdölgeologie, Bd. I, Gostoptechisdat 1957.

MECHTIJEW, Sch. F.: Über die Entstehung des Erdöls und die Formierung seiner Lager in Aserbaidshan. – Materialien zum 20. Internationalen Geologenkongreß, Bd. I, Gostoptechisdat 1957.
MIRTSCHINK, M. F.: Über die Prinzipien der Klassifikation von Öl- und Gaslagern. – Erdölwirtschaft, Nr. 6, 1955.
MIRTSCHINK, M. F. & A. A. BAKIROW: Über die geotektonische Entwicklung der Russischen Tafel und die wichtigsten Gesetzmäßigkeiten hinsichtlich der Anordnung der Öl- und Gasakkumulationszonen auf ihrem Territorium. – Materialien zum 20. Internationalen Geologenkongreß. Materialien zur Erdölgeologie, Bd. I, Gostoptechisdat 1957.
MIRTSCHINK, M. F., BAKIROW, A. A., DJAKOW, W. F. & D. W. SHABREW: Die Entstehung des Erdöls. – Sammelband, Moskau 1955.
MUSTAFINOW, A. N.: Zur Frage der geologischen Verhältnisse bei der Bildung der Erdöllager im Wolgagebiet bei Kuibyschew. — Sowjetische Geologie, Sammelband 57, 1957.
– Die Öl- und Gasführung im Osten der Russischen Tafel. Vortrag auf dem 20. Internationalen Geologenkongreß. Materialien zur Erdölgeologie, Bd. I, Gostoptechisdat 1957.
SOKOLOW, W. A.: Die Migration von Gas und Öl. – Verlag der Akademie der Wissenschaften der UdSSR, 1956.
STRACHOW, N. M. & K. F. RODIONOWA: Über den Zusammenhang zwischen den dispers verteilten Bitumina und den petrographischen Typen der Sedimentgesteine. – Bulletin der Moskauer Gesellschaft der Naturforscher, Abt. Geologie, Band 29/2, 1954.
TEODOROWITSCH, G. I.: Über die erdölproduzierenden Gesteine. – Erdölwirtschaft Nr. 8, 1954.
WASSOJEWITSCH, N. B.: Zur Erdölentstehung. – Materialien zum 20. Internationalen Geologenkongreß, Bd. I, Gostoptechisdat, 1957.
WEBER, W. W.: Das Problem der Bitumenbildung in den quartären marinen Sedimenten und die Genese des Erdöls. – Materialien vom 20. Internationalen Geologenkongreß. Materialien zur Erdölgeologie, Bd. I, Gostoptechisdat, 1957.

# Über Methoden zur Bestimmung der Temperatur bei der Erdölbildung

G. A. AMOSSOW & N. B. WASSOJEWITSCH[1])

Es bestehen die verschiedensten Ansichten über die Temperatur, bei der die Bildung des Erdöls vor sich geht. In manchen Fällen beruhen sie weniger auf Tatsachen, sondern ergeben sich vielmehr aus allgemeinen Vorstellungen, welche die betreffenden Autoren von der Erdölgenese besitzen. In anderen Fällen wieder bilden verschiedene Tatsachen und Überlegungen über die Temperatur der Erdölbildung den Ausgangspunkt, und diese Faktoren bedingen auch, zu welcher Hypothese sich ein Forscher bekennt.

Alle sind jedoch der Auffassung, daß diese Frage für die erfolgreiche Bearbeitung des Problems der Entstehung des Erdöls wichtig ist.

Die Bildung des Erdöls ist ein langer, stadienhaft verlaufender Vorgang, bei dem in den verschiedenen Etappen zweifellos unterschiedliche Temperaturen herrschten. Daher kann man durchaus nicht immer feststellen, was die Autoren bezweckten, die von der „Temperatur der Erdölentstehung überhaupt" sprachen.

Die neuesten Daten (WASSOJEWITSCH 1955) stellen es außer Zweifel, daß das junge primäre Erdöl bereits in den subaquatischen Schlämmen in Form von dispersen Kohlenwasserstoffen (und anderen in dem Gemisch der Kohlenwasserstoffe löslichen hydrophoben organischen Verbindungen) entsteht. Dieses Stadium des biochemischen Mikronaphthas in den Gesteinen entspricht der Sedimentation und der Diagenese, bei denen die Temperatur der Sedimente nicht über 20° C hinausgeht. Im späteren Stadium der Lithogenese erhöht sich die Menge des Mikronaphthas in den Gesteinen durch abiogene Neubildung von Kohlenwasserstoffen (zum Beispiel durch Entkarboxylierung der Fettsäuren), und das Mikronaphtha selbst verändert sich in der Richtung zum tropfbar-flüssigen Makronaphtha (dem eigentlichen Erdöl) hin. Dieses der Katagenese entsprechende Stadium verläuft bei höherer Temperatur, deren obere Grenze vorläufig noch nicht zuverlässig festgestellt ist.

In der zweiten Entwicklungsetappe des behandelten Vorgangs entsteht das tropfbar-flüssige Makronaphtha durch Akkumulation des Mikronaphthas. In bezug darauf, daß sich diese Entwicklungsetappe im katazonalen Bereich abspielt, bestehen zwischen den Anhängern der verschiedenen Varianten der organischen Entstehung des Erdöls keine Differenzen. Anders verhält es sich bei den Annahmen der Teufen und der ihnen entsprechenden Temperaturen, in denen die Erdölakkumulation erfolgt. Die Forscher, die über die Temperatur der Erdölentstehung im allgemeinen geschrieben haben, dachten wahrscheinlich in den meisten Fällen an die Temperatur, bei der die Migration des Erdöls in die Speichergesteine erfolgte, die zu seiner Akkumulation in Fallen führte. Nach der Ansicht mancher Autoren entsprach diese Temperatur derjenigen, bei der eine intensivierte Migration des Mikronaphthas aus den Muttergesteinen in die Speichergesteine erfolgte; andere dachten an die Temperatur, die eine durchgängige Umwandlung der konzentrierten organischen Ausgangssubstanz in Erdöl unter Umgehung des Mikronaphthastadiums gewährleistete.

Bei der Betrachtung der zahlreichen Aussagen, die über die Temperatur der Erdölbildung gemacht wurden, erkennt man, daß es zwei Hauptrichtungen bei der Lösung dieser Frage gibt, nämlich die geologische und die chemische (physikochemische) Richtung. Die erste beruht auf der Verwendung geothermischer Unterlagen.

Die Temperatur wird entweder in den Teufen, in denen nach der Ansicht des jeweiligen Autors die Erdölbildung vor sich geht, unmittelbar gemessen oder berechnet. Dieser Methode bedienen sich nicht nur die Geologen, sondern auch die Chemiker. B. T. BROOKS, der von den zu Anfang der dreißiger Jahre an der Sohle der Ölbohrungen bekannten Höchsttemperaturen ausging, gelangte zu dem Schluß, daß die für die Erdölbildung erforderliche Temperatur nicht höher als 100° war.

Bei der Lösung des aufgeworfenen Problems basiert die chemische Richtung auf zwei Momenten. Einerseits werden Angaben über die Maximal- bzw. Minimaltemperaturen benutzt, die Grenzwerte für die Existenz oder die Bildung einiger im Erdöl auftretender chemischer Verbindungen (z. B. Porphyrine, Phenole usw.) sind. Andererseits geht man von der Betrachtung des Erdöls als eines thermodynamisch im Gleichgewicht befindlichen Kohlenwasserstoffgemisches aus und bestimmt auf Grund des Mengenverhältnisses, in dem miteinander zusammenhängende Übergänge zweier beliebiger Komponenten stehen, die entsprechende Gleichgewichtstemperatur. Die erste der chemischen Methoden kann man unter Vorbehalt als Methode zur Bestimmung der kritischen Temperaturen bezeichnen, die zweite als Methode zur Bestimmung des Gleichgewichts isomerer Kohlenwasserstoffpaare. Beide Methoden für die Bestimmung der Temperatur der Erdölbildung (oder überhaupt der Temperaturen, die das Erdöl durchlaufen hat) sind zweifellos in gewissem Maße theoretisch begründet,

[1]) Aus „Sammelband Geochemie" Nr. 4, Abh. d. WNIGRI, Nr. 105, Gostoptechisdat, 1957.

jedoch weitaus nicht im gleichen Grade. In dieser Beziehung tritt die Isomerie-Methode besonders hervor. Mit ihrer Untersuchung befaßt sich speziell dieser Aufsatz. Ehe wir sie behandeln, muß noch darauf hingewiesen werden, daß diese beiden Methoden nicht selten auf ungenügend überprüftes oder falsch verstandenes Tatsachenmaterial angewandt worden sind.

Man darf z. B. nicht, wie es B. I. BROOKS seinerzeit tat, die in der Gegenwart zu beobachtende Höchsttemperatur des Erdöls im Lager als eine Temperatur annehmen, die der Temperatur nahekommt, bei der es entstanden ist.

Die letztere könnte nicht nur über, sondern auch unter seiner gegenwärtigen Temperatur liegen. In den letzten Jahren sind auf Grund der Fortschritte der Tiefbohrtechnik Erdöle von 150° C aufgefunden worden, sie unterscheiden sich aber hinsichtlich ihrer Zusammensetzung merklich von dem in der Natur vorherrschenden Typ des Erdöls, der der Einwirkung hoher Temperaturen nicht ausgesetzt war. Da derartige Erdöle hierbei irreversible Veränderungen (speziell Denaphthenisierung der höheren Fraktionen) erfuhren, kann man annehmen, daß sie nach ihrer Entstehung eine merkliche katagene Veränderung erlitten (möglicherweise freilich bei etwas höheren Temperaturen, als sie heute zu beobachten sind).

Bei der Wahl der Objekte, an denen die kritischen Temperaturen (sowohl die Maximal- als auch die Minimaltemperaturen) ermittelt werden sollen, wird nicht immer mit gebührender Vorsicht verfahren. Man urteilte z. B. lange Zeit vorbehaltlos auf Grund des Auftretens der Porphyrine (die bei Temperaturen über 250° C zerfallen) und anderer komplizierter biochemischer Verbindungen über die höchsten Temperaturen, die das Erdöl aushalten kann. Dieser Weg schien so lange einwandfrei, wie man annahm, daß alle derartigen Verbindungen syngenetischer Natur seien, die das Erdöl von den Ausgangsorganismen ererbt habe. Heute steht fest (O. A. RADTSCHENKO und L. S. SCHESCHINA), daß die Porphyrine, in jedem Fall die vanadiumhaltigen, epigenetischer Natur sein können und gemeinsam mit anderen Produkten der bakteriellen Synthese Neubildungen der Hypergenesezone sind.

Es ist ganz offensichtlich, daß die Methode der kritischen Temperaturen nur dann richtige Ergebnisse zeitigt, wenn sie auf Substanzen angewandt wird, die gleichzeitig und zusammen mit dem Erdöl entstanden sind. Zu solchen Substanzen gehören nach allen Unterlagen die Nickelporphyrine (O. A. RADTSCHENKO, L. S. SCHESCHINA und P. J. DEMENKOWA). Wenn auch nicht kategorisch behauptet werden kann, daß diese Porphyrine in allen Fällen primär sind und nicht später vom Erdöl aus den umgebenden Gesteinen extrahiert wurden, so kann immerhin angenommen werden, daß der Schluß, 250° C seien als die höchste Temperatur der Erdölentstehung zu betrachten, bestätigt ist. Anders steht es mit der Minimaltemperatur, die W. B. PORFIRJEW und I. W. GRINBERG auf Grund des Auftretens von Verbindungen bestimmten, die sich bei hohen Temperaturen gebildet haben sollen; dies betrifft speziell die Phenole, für die Bildungstemperaturen über 300° angenommen wurden. Die letzteren können jedoch in manchen Fällen im natürlichen Erdöl überhaupt fehlen und Stoffe sein, die erst während einer unter starren Bedingungen durchgeführten Analyse entstanden sind (A. F. DOBRJANSKIJ). In anderen Fällen wieder können diese Substanzen durch biogene Oxydation des Erdöls in der Hypergenesezone entstehen.

Die Chemiker, die die dritte Methode benutzen, d. h. vom Gleichgewicht der verschiedenen Kohlenwasserstoffpaare ausgehen, bezeichnen die nach dieser Methode ermittelten Werte als die „genauesten". Dieser Methode bedienten sich S. N. OBRJADTSCHIKOW (1946, 1947), A. W. FROST (1946), F. D. ROSSINI (1950) u. a.

Im Jahre 1955 sammelten S. I. MIRONOW, G. D. GALPERN & J. A. KOLBANOWSKI (1955) nahezu alle Literaturangaben über Erdöle, für die die Gleichgewichtstemperaturen berechnet worden waren (etwa 80 Bestimmungen für 32 Erdöle). Die Autoren bestimmten die Durchschnittstemperatur zu etwa 170° C. Ihrer Ansicht nach „bestimmt diese Zahl mit ausreichender Sicherheit die Größenordnung der Temperaturen", die auf das Erdöl einwirkten. Eine Untersuchung des angeführten Materials zwingt jedoch dazu, die Folgerungen S. I. MIRONOWS, G. D. GALPERNS & J. A. KOLBANOWSKIJs als unzuverlässig zu betrachten. Folgende Momente verdienen Beachtung.

Erstens ist das Gesamtintervall der berechneten Temperaturen sehr groß; es bewegt sich zwischen — 170 und + 1075° C.

Zweitens erhielt man für ein und dieselben Erdöle stark variierende Temperaturen. So bewegten sich die Werte für das Öl von Nebit-Dagh zwischen 0° und + 225° C; für das Öl von Kara-Tschuchura zwischen 90° und 1075° C, für das Öl von Kostschagyl zwischen — 70° und + 225° usw.

Drittens schwanken sogar die Durchschnittstemperaturen, bei deren Berechnung die Maximal- und Minimaltemperaturen verworfen wurden, zwischen 30° und 290°.

Viertens ergeben sich sogar für Erdöle aus ein und derselben Lagerstätte recht verschiedene Temperaturen. In der Lagerstätte Kasanbulak betragen diese Werte — 30° und 265° C, in der Lagerstätte Surachanow (nach den Mittelwerten) — 45 und 195° C usw.

Fünftens erhebt sich unvermeidlich die Frage, warum sich ein einmal erreichtes Gleichgewicht in dem Zeitraum nach dem Erreichen der Erdölbildungstemperatur (wahrscheinlich der maximalen) nicht verändert haben soll, während doch die Temperatur in der Regel absank. Man kann das Erdöl nicht vollständig einem Thermometer zur Bestimmung der Maximaltemperatur gleichstellen, welches auf einen Temperaturrückgang nicht anspricht.

Die Durchschnittstemperatur in den Lagern der in der Arbeit von MIRONOW, GALPERN & KOLBANOWSKIJ aufgezählten Erdöle ging nicht über 60° C hinaus, d. h., sie liegt niedriger als die von den Autoren auf mindestens 110° C berechnete. Zweifellos befand sich das Erdöl Dutzende oder auch Hunderte Millionen von Jahren (paläozoische Öle) im Schoße der Erde bei dieser oder einer in der Nähe (40—80° C) liegenden Temperatur. Während dieser Zeit mußte sich das Gleichgewicht nach der Seite der niedrigen Temperaturen hin verschieben.

Im Zusammenhang damit ist auf die ungenaue Auffassung des Begriffs „Maximaltemperatur" seitens der Autoren hinzuweisen. „Die berechnete Gleichgewichtstemperatur ist", wie sie schreiben, „maximal für das betrachtete System. Dies hängt damit zusammen, daß das von uns als im Gleichgewicht befindliche angenommene Gemisch auch bei niedrigeren Temperaturen erhalten werden kann, z. B. durch fermentative oder durch Strahlungsvorgänge." Hier werden zwei verschiedene

Fragen — die Geschwindigkeit der chemischen Reaktion und die Gleichgewichtsverhältnisse — durcheinandergebracht. Mit Fermenten oder durch Strahlungen kann man diese oder jene Reaktion beschleunigen, die erforderliche Reaktion aus einer Anzahl möglicher „auswählen", man kann aber nicht die Gleichgewichtsverhältnisse ändern, die für Reaktionen der Isomerisierung durch die Temperatur gegeben sind. Wenn das thermodynamische Gleichgewicht erreicht ist, dann entspricht die aus den Verhältnissen der Komponenten berechnete Temperatur der beobachteten.

Der wichtigste Einwand gegen die von S. I. MIRONOW, G. D. GALPERN & J. A. KOLBANOWSKIJ getroffene Folgerung besteht jedoch darin, daß die Methode selbst in der Form, wie sie von ihnen angewandt wurde, als fehlerhaft anzusehen ist (AMOSSOW 1953).

Die Heranziehung der Gleichgewichtskonstanten der Isomerationsreaktionen verschiedener Kohlenwasserstoffe zur Beurteilung der Temperaturen, denen das Erdöl ausgesetzt war, kann nur dann richtige Ergebnisse liefern, wenn 1. ein thermodynamisches Gleichgewicht zwischen den Komponenten des Erdöls vorhanden ist und 2. die Einwirkung der verschiedenen Komponenten des Erdöls aufeinander und alle darin möglichen Reaktionen berücksichtigt werden.

Tatsächlich befinden sich die meisten Erdöle nicht im thermodynamischen Gleichgewicht mit dem umgebenden Medium, da das System Gestein—Erdöl—Gas—Wasser nicht geschlossen ist. In der Zone der Hypergenese wird das Gleichgewicht auch durch die Mikroflora gestört. Dadurch unterscheiden sich oft die unter thermodynamisch ähnlichen Verhältnissen lagernden Erdöle hinsichtlich ihrer Zusammensetzung wesentlich. Ein markantes Beispiel sind die Erdöle der Lagerstätte Sanga-Sanga (Insel Borneo).

Selbst wenn man annimmt, daß die Abweichungen vom Gleichgewicht bei maximalen Temperaturen in der Geschichte der Erdöle verhältnismäßig klein sind, bleibt der zweite Einwand in Kraft. Jede beliebige der paarweise vertretenen Komponenten der Erdöle kann nicht nur durch die Reaktion, die für die Berechnung benutzt wurde, entstehen und verschwinden, sondern auch durch eine Reihe anderer Reaktionen.

Als Beweis kann man die Angaben der Tabelle über den Gehalt aromatischer Kohlenwasserstoffe in den Fraktionen einer Reihe von Erdölen anführen.

Die in der Tabelle angeführten Verhältnisse der isomeren Xylole und des Äthylbenzols ermöglichen ebenfalls, die „Bildungstemperatur" der Erdöle zu berechnen: 550° C für Malgobek, 1200° C für Oktjabrskoje, 1000° C für Krasnojarsk und 1200° C für Solny Owrag. Diese hohen Temperaturen entsprechen offensichtlich nicht der geologischen Geschichte der Lagerstätten. Es ist lediglich eine gewisse Übereinstimmung zwischen den Temperaturen und dem Paraffingehalt in den Erdölen festzustellen, die durch den längst bekannten Zusammenhang zwischen der Zusammensetzung der höheren und der niederen Fraktionen des Erdöls zu erklären ist. In Erdölen, die in den höheren Fraktionen mehr Paraffin enthalten, sind auch mehr normale Methankohlenwasserstoffe (in den niedrigeren Fraktionen) enthalten (AMOSSOW 1953). Die Tabelle zeigt ferner, daß in den stärker paraffinhaltigen Erdölen die aromatischen Kohlenwasserstoffe mit langen Seitenketten (Äthylbenzol) eine größere Rolle spielen als die mit kurzen Seitenketten (Xylole).

Man muß unterstreichen, daß die Verhältnisse zwischen der Benzol- und Toluolkonzentration und der Summe der Xylole mit Äthylbenzol für alle vier Erdöle ziemlich nahe beieinanderliegen trotz der großen Unterschiede hinsichtlich Eigenschaften und Alter.

So ist das Verhältnis Toluol : Benzol gleich $1{,}8 \pm 0{,}2$ und (Xylole + Äthylbenzol) : Toluol gleich $2{,}3 \pm 0{,}2$. Eine derartige Konstanz der Verhältnisse bei so verschiedenen Erdölen zeigt zweifellos, daß Übergangsreaktionen in der homologen Reihe existieren, wobei sich das Molekulargewicht verändert und sie folglich nicht zu den Isomerisationsreaktionen gehören. Es ist klar, daß diese Reaktionen auch die Konzentration des n-Hexans, Zyklohexans und anderer für die Berechnungen der „Erdölbildungstemperaturen" benutzte Verbindungen beeinflussen und in vielen Fällen nicht in schwächerem, sondern im stärkeren Maße als die Isomerationsreaktionen. Die Berechnung der Gleichgewichtstemperaturen lediglich auf Grund des Verhältnisses der Konzentrationen der Isomere ist falsch, da sich bei einem Teil der Reaktionen die Molekülzahl ändert.

Das Verhältnis der Isomerenpaare kann für die Berechnung der Gleichgewichtstemperaturen eines so komplizierten Systems wie das Erdöl nur bei Berücksichtigung der Kinetik der chemischen Reaktionen benutzt werden. Wenn eine gegebene Reaktion bedeutend schneller als die anderen verläuft und die Einwirkungszeit der Erdölbildungstemperaturen nicht ausreicht, damit sich das Gleichgewicht auf Grund anderer Reaktionen einstellt oder nahezu einstellt, die aber ausreicht, damit es sich für die gegebene Temperatur einstellt, dann ist die Berechnung der Temperaturen für die gegebene Reaktion möglich. Jedoch muß eine merklich größere Geschwindigkeit dieser Reaktion dazu führen, daß sie aktiver auf die ihr folgende Temperaturgeschichte des Erdöls einwirkt.

Bei Berücksichtigung dieses Umstandes muß die auf Grund dieser Reaktion bestimmte Bildungstemperatur des Erdöls ganz in der Nähe seiner heutigen Temperatur liegen. Interessant ist nun, daß es sich auf Grund der von den Autoren angeführten Daten tatsächlich so verhält. Berechnet man die Temperatur der Erdölbildung nach dem reaktionsfreudigsten Paar Zyklohexan-

Tabelle

| Lagerstätte | Geologisches Alter der Nebengesteine | Spezifisches Gewicht des Erdöls | Gehalt an Paraffinen in % | Benzol 60 – 95° C | Toluol 95 – 122° | Äthylbenzol 122 – 150° | m-Xylol 122 – 150° | p-Xylol 122 – 150° | o-Xylol 122 – 150° |
|---|---|---|---|---|---|---|---|---|---|
| Malgobek | Miozän | 0,916 | 2,3 | $1{,}8 \pm 0{,}2$ | $3{,}3 \pm 0{,}5$ | $0{,}9 \pm 0{,}6$ | $2{,}9 \pm 0{,}6$ | $2{,}2 \pm 0{,}6$ | $1{,}6 \pm 0{,}6$ |
| Oktjabrskoje | Miozän | 0,835 | 10,9 | $1{,}4 \pm 0{,}3$ | $2{,}8 \pm 0{,}4$ | $2{,}4 \pm 0{,}6$ | $1{,}4 \pm 0{,}6$ | $1{,}4 \pm 0{,}6$ | $1{,}5 \pm 0{,}6$ |
| Krasnojarsk | Perm | 0,917 | 2,9 | $5{,}0 \pm 0{,}5$ | $7{,}9 \pm 0{,}8$ | $4{,}0 \pm 0{,}8$ | $5{,}6 \pm 0{,}8$ | $4{,}5 \pm 0{,}8$ | $4{,}3 \pm 0{,}8$ |
| Solny Owrag | Devon | 0,806 | 4,2 | $3{,}5 \pm 0{,}5$ | $6{,}1 \pm 0{,}8$ | $4{,}1 \pm 0{,}8$ | $5{,}3 \pm 0{,}8$ | $3{,}9 \pm 0{,}8$ | $3{,}7 \pm 0{,}8$ |

Methylzyklopentan, dann ergibt sich eine Temperatur von 127° C, für das Paar Methylzyklohexan-Äthylzyklopentan ist der entsprechende Wert 259° C. Auf Grund des Verhältnisses zwischen Normalhexan-Isohexan ergibt sich eine Temperatur von 326° C. Die Bestimmungen der Heptane sind zu ungenau, als daß man auf sie bei der Berechnung der Temperatur zurückgreifen könnte. Folglich entfällt auch die Möglichkeit, schnell verlaufende Reaktionen für derartige Berechnungen zu benutzen.

Daher kann gesagt werden, daß die Bestimmung der Temperatur der Erdölbildung zu 170° C (woraus sich weitreichende geologische und geochemische Folgerungen ergeben) als falsch zu betrachten ist. Diese Frage kann nur auf geologisch-geochemischer Grundlage unter Berücksichtigung aller natürlichen Faktoren gelöst werden.

## Literatur

AMOSSOW, G. A.: Geologischer Sammelband NITO beim Wissenschaftlichen Allunions-Forschungsinstitut für geologische Erkundung (WNIGRI) (russisch), II (V), 60, 1953.
FROST, A. W.: Nachr. Akad. Wiss. UdSSR, Abt. Techn. Wiss. (russisch) Nr. 10, 1942.
—: Erdölwirtschaft (russisch), Nr. 3–4, 1946.
MIRONOW. S. I., GALPERN, G. D. & J. A.: KOLBANOWSKI Ber. Akad. Wiss. UdSSR., 103, Nr. 4, 1955.
OBRJADTSCHIKOW, S. N.: Sammelband „Die Entstehung von Erdöl und Gas", Verlag ZIM nefti, 1947.
ROSSINI, F. D. & Y. RES: Nat. Bur. Stand., 27, 529, 1941.
WASSOJEWITSCH, N. B.: Geol. Sammelbd., 1, Abh. des WNIGRI, Neue Serie, Nr. 83, 1955.

P. G. SUWOROW

# Die Rolle der Basisbohrungen für die Erkenntnis des Tiefenbaus der Russischen Tafel

Referiert von WOLFGANG BACH aus „Erdölgeologie", 2/58 (russ.)

I. M. GUBKIN erhob bereits 1936 im Zusammenhang mit den Arbeiten zum Aufsuchen von Öl und Gas im Zentralteil der Russischen Tafel und besonders im Moskauer Becken die Forderung, spezielle Tiefbohrungen niederzubringen. Bis 1947 wurden nur zwei solche Bohrungen niedergebracht, eine davon im Moskauer Stadtgebiet. Diese traf den kristallinen Untergrund, der in einer Teufe von etwa 5000 m vermutet wurde, bereits bei 1659 m an.

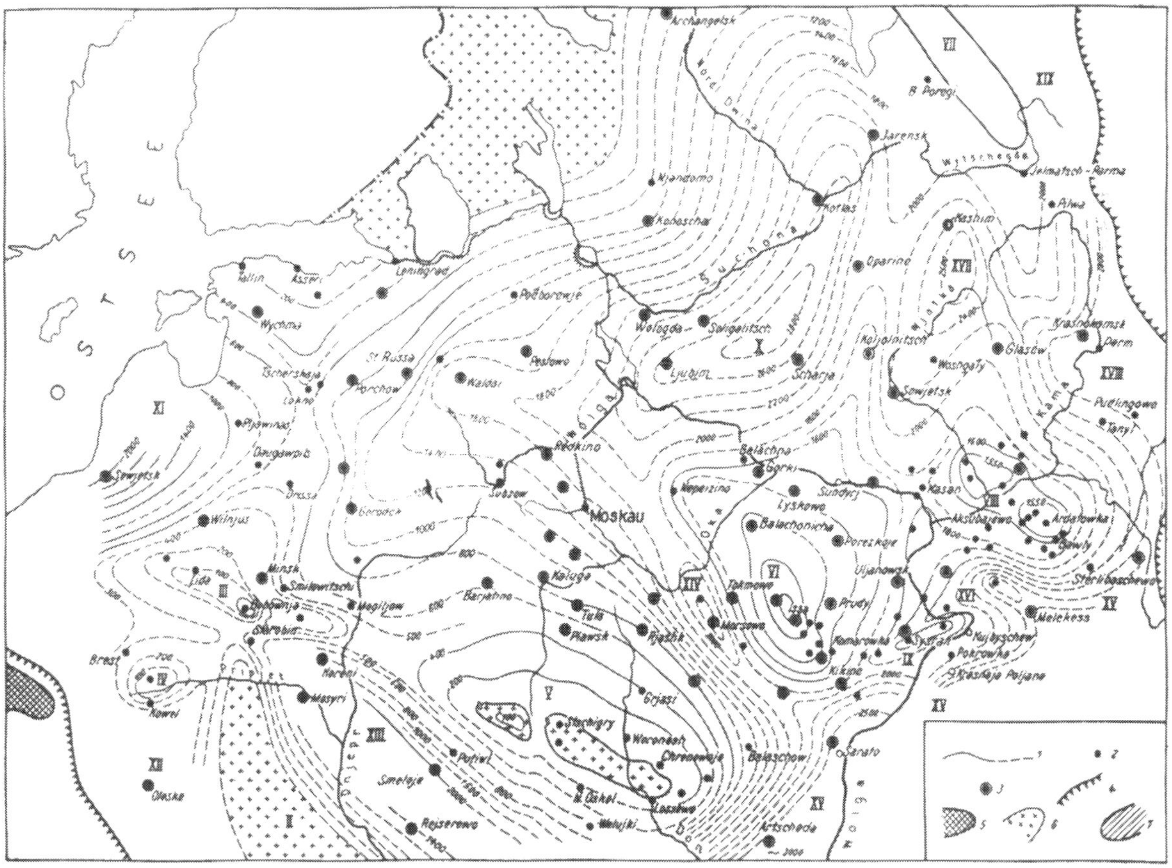


Abb. 1. Schematische Karte der heutigen Oberfläche des präkambrischen gefälteten Untergrundes der Russischen Tafel (Zusammengestellt von P. G. SUWOROW)

Wichtigste Strukturelemente der Tafel. Positive Strukturelemente: I – Baltischer Schild, II – Ukrainischer Schild, III – Weißrussisch-Litauischer Vorsprung, IV – Vorsprung von Brest-Kowel, V – Vorsprung von Woronesh, VI – Aufwölbung von Tokmowo, VII – Timan-Gebirge, VIII – Tatarische Aufwölbung, IX – Aufwölbung von Shiguli; negative Strukturelemente: X – Mittelrussische Senke, XI – Baltische Senke, XII – Dnjestr-Bug-Senke, XIII – Dnjepr-Donez-Senke, XIV – Saratow-Rjasaner Einsenkung, XV – Nordrand der Kaspischen Senke, XVI – Melekess-Radajewsker-Senke, XVII – Wjatka-Senke, XVIII – Einsenkung an der Oberen Kama, XIX – Petschora-Becken.

Zeichenerklärung: 1 – Linien gleicher Teufenlage der Oberfläche des kristallinen Untergrundes, alle 200 m; 2 – Tiefbohrungen, 3 – Basisbohrungen, 4 – Ostgrenze und Südwestgrenze der Russischen Tafel, 5 – metamorphes Kambrosilur des Kielce-Sandomir. Gebirges, 6 – Ausbisse kristalliner, im wesentlichen archaischer Gesteine an die Oberfläche, ferner ihr Vorkommen in geringer Tiefe, 7 – Ausbisse der metamorphen Gesteine Timans an die Oberfläche sowie ihr Vorkommen in geringer Tiefe.

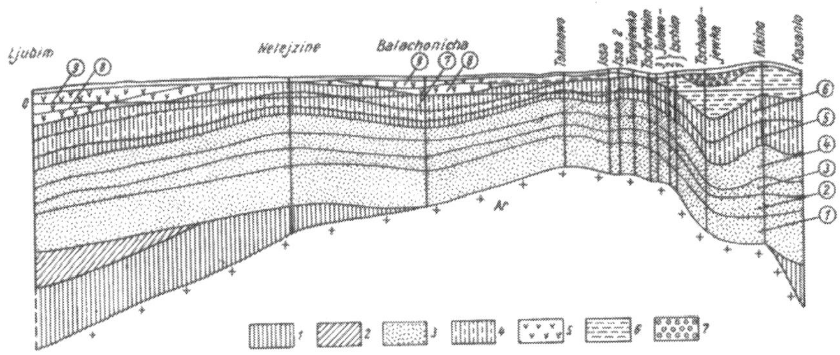


Abb. 2. Schematisches geologisches Profil zwischen Ljubim und Kasanlo (Zusammengestellt von P. G. SUWOROW)

1 — Kambrium, 2 — Ordovizium, 3 — Devon, 4 — Karbon, 5 — Perm 6 — Mesozoikum, 7 — Tertiär; Zahlen in den Kreisen: 1 — Givet und untere Schichten von Stschigry (Frasnien), 2 — obere Schichten von Stschigry und Schichten von Semiluki (Frasnien), 3 — Schichten von Woronesh, Jelanowsk und Liwen (Frasnien), 4 — Famien, 5 — Unterkarbon, 6 — Mittelkarbon, 7 — Oberkarbon, 8 — Unterperm, 9 — Oberperm.

In dem verhältnismäßig kurzen Zeitraum vom Januar 1947 bis jetzt wurden mehr als 60 derartige Basisbohrungen niedergebracht. Die Ergebnisse dieser Bohrungen gaben die Möglichkeit, die vorliegende Strukturkarte des präkambrischen Untergrundes der Russischen Tafel zu entwerfen (Abb. 1). Es konnte ferner das geologische Alter des Kristallins der Russischen Tafel ermittelt werden. Bisher bestanden in dieser Hinsicht widersprüchliche Meinungen:

a) intensiv dislozierte Granitgneise des Präkambriums,

b) im Westen präkambrischer, im Osten gefalteter altpaläozoischer Untergrund,

c) proterozoische Bildungen.

Die Basisbohrungen bewiesen, daß es sich im wesentlichen um archaische Gesteine handelt, die überall Anzeichen einer mehr oder minder intensiven Kalimetasomatose zeigen. Die früheren Vorstellungen einer mitteldevonischen Transgression über das Präkambrium sind irrig. Es wurde festgestellt, daß eine mächtige Folge (über 1000 m) unterpaläozoischer, hauptsächlich unterkambrischer Gesteine große Verbreitung besitzt. Die Schichten des Devons, Karbons, Perms, Mesozoikums und Känozoikums der Russischen Tafel konnten in eine Anzahl von Horizonten gegliedert werden, die vorher nicht bekannt waren. Die Tiefbohrungen erwiesen, daß die Struktur des Sedimentmantels im Bereich der Russischen Tafel eine alte kaledonische Anlage besitzt; sie bestätigen also nicht die früheren Vorstellungen einer Reihe von Geologen, die der Meinung waren, daß die Struktur des Sedimentmantels auf die hercynische Tektogenese zurückzuführen sei. Zu den neu aufgefundenen großen Strukturelementen gehören die Aufwölbung von Tokmowo und die Saratow-Rjasaner-Einsenkung (Abb. 1). Die Annahme eines trennenden Rückens zwischen der Mittelrussischen Senke und der Nordkaspischen Senke (N. S. SCHATSKIJ, 1945) ist also irrig.

Die Unterlagen der Basisbohrungen vermitteln nicht nur eine Vorstellung vom heutigen Oberflächenrelief des Sockels, sondern sie geben auch die Möglichkeit, seine Entwicklung sowohl räumlich als auch zeitlich zu rekonstruieren. Diese Möglichkeit besitzt für die Ansetzung von Sucharbeiten auf Erdöl außerordentliche Bedeutung. Rekonstruktionen der alten Strukturen für die Oberfläche des kristallinen Untergrundes erwiesen, daß die im heutigen Strukturplan vorliegenden positiven und negativen Elemente des Sockels auf verschiedene Art entstanden sind (SUWOROW, 1955, 1957). Einige wurden in sehr frühen Etappen der Tektogenese angelegt und entwickelten sich im Verlauf der ganzen geologischen Geschichte als positive Strukturelemente (Tatarische Aufwölbung), andere formierten sich als Erhebungen nur bis zum Ende des Devons. Das Paläogewölbe von Uljanowsk verlor z. B. zu Beginn des Karbons die Hebungstendenz und verwandelte sich infolge der verstärkten Hebung der Aufwölbung von Tokmowo an seiner Westflanke in eine einfache regionale Abdachung. Hinsichtlich ihrer Anlage lassen sich die rezenten Strukturen des Fundaments wie folgt gliedern:

präkambrisch: Baltischer Schild

altpaläozoisch: Weißrussischer und Brest-Kowel-Vorsprung, Tatarische Aufwölbung, Baltische Senke, Mittelrussische Senke, Saratow-Rjasaner Einsenkung, Melekess-Radajewka-Senke, Wjatka-Kama-Senke,

devonisch: Ukrainischer Schild, Vorsprung von Woronesh, Dnjepr-Donez-Senke, Shiguli-Aufwölbung.

In untergeordnetem Maße treten auch jüngere Strukturen auf. Je nach den Hebungstendenzen unterscheidet man weiterhin bei den positiven Strukturelementen den offenen, den oberflächennahen und den tiefen Typ. Die negativen Strukturen lassen sich in zwei Typen gliedern:

a) solche, die im Laufe ihrer Entwicklung die Tendenz zur Absenkung verloren und bei unbeständigen tektonischen Bewegungen entstanden. Ihr Profil ist unvollständig und zeigt fazielle Mannigfaltigkeit,

b) solche mit beständiger Absenkung, Vollständigkeit der Ablagerung und fazieller Einförmigkeit (Kaspische Senke, Senke von Melekess-Radajewka, Wjatka-Kama-Senke, schließlich Dnjepr-Donez-Senke).

Für die Erdölprospektion besitzen die mit Sedimenten überdeckten früh entstandenen Gewölbe mit ständiger Bewegungstendenz, die Flanken großer, jetzt umgestalteter früher Gewölbe, schließlich die Flanken von Senken mit ständiger Absenkung Bedeutung.

Die Resultate der Basisbohrungen zeigen, daß nicht immer eine völlige Übereinstimmung der Strukturpläne des Sedimentmantels mit denen des Kristallins besteht, ja nicht einmal eine solche im Sedimentmantel selbst existiert. Der Forderung I. M. GUBKINs, daß man im Sedimentmantel selbst „auch die Gesetzmäßigkeiten finden muß, die es uns erlauben, die Sucharbeiten rationell zu lenken", wird durch die Basisbohrungen Genüge getan.

Die Bildung wirtschaftlich verwertbarer Erdölansammlungen wird durch geeignete Bewegungen nach erfolgter Sedimentation des Mutter- und Speichergesteins begünstigt. Daher ist das Auftreten von Erdöllagern im Devon, Karbon oder Perm usw. durchaus gesetzmäßig. Allerdings wurde beispielsweise im Profil durch den Wall von Sursk-Mokschinsk im Streichen der Achsenzone (Profil Ljubim-Kasanlo, Abb. 2) in keiner einzigen der drei niedergebrachten Basisbohrungen und in keiner der Aufschlußbohrungen trotz günstiger fazieller Bedingungen und günstiger geochemischer Situation Erdöl oder Gas angetroffen. Aus paläostrukturellen Schnitten im Profil des Walles würde man sofort dessen sehr späte mesozoisch-känozoische Bildung erkennen. Die Migration des Erdöls war hier bereits erfolgt. Brachyantiklinale Hebungen erweisen sich als völlig unproduktiv in der Ölführung.

Innerhalb der geologischen Komplexuntersuchungen nehmen die Basisbohrungen einen wichtigen Platz ein. Sie stellen zugleich die Verwirklichung langgehegter Wünsche der bedeutenden sowjetischen Geologen A. P. KARPINSKIJ und I. M. GUBKIN dar.

# Grundlagen der geochemischen Prospektion

JERZY BUREK, Warschau

Die folgenden Ausführungen entnehmen wir einem zusammenfassenden Bericht, den der Verfasser in der polnischen Zeitschrift „Przegląd Geologiczny" (1/58) über einen längeren Studienaufenthalt in der UdSSR veröffentlichte. Während dieser Reise hatte der Autor Gelegenheit, die Fragen der geochemischen Prospektion in der UdSSR allseitig kennenzulernen. In diesem Aufsatz stellt er die sowjetischen geochemischen Prospektionsmethoden denen der westlichen Länder gegenüber und zieht aus dieser Gegenüberstellung für die polnischen Erkundungsarbeiten notwendige Schlußfolgerungen. Wir haben dem Originalbericht die für unsere Arbeiten in der DDR wichtigen Fragen entnommen, ohne daß wir uns in allen Punkten dem Urteil des Verfassers anschließen können. Die Redaktion

SMULIKOWSKI definiert in seiner „Geochemie" den Begriff „Lagerstätte" folgendermaßen: „Vom geochemischen Standpunkt aus gesehen, verstehen wir unter der Bezeichnung Lagerstätte eines gewissen Elements eine Stelle in der Erdrinde, an welcher sein Clarke deutlich höher ist als der durchschnittliche Clarke für den ganzen Raum, d. h. für die ganze Nebengesteinsmasse oder für die ganze Sedimentablagerung". Der Vollständigkeit halber muß hinzugefügt werden, daß auf dem Gebiet der Lagerstätten bei der überwiegenden Anzahl der Metalle, vor allem der Nichteisenmetalle, der Clarke des gegebenen Metalls auf der Lagerstätte erheblich höher ist. Sein Verhältnis zum mittleren Clarke wird in Hunderten, Tausenden, aber oft in bedeutend höheren Werten ausgedrückt. Der Übergang zwischen dem Lagerstättengebiet, d. h. dem Gebiet mit höherem Gehalt des entsprechenden Elements, und dem Gebiet mit durchschnittlicher Konzentration vollzieht sich ganz allmählich. Dagegen wird das Gebiet, in dem die Konzentration eine mittlere ist (d. h., daß sie niedriger als die Lagerstättenkonzentration, aber höher als der für die Gegend charakteristische geochemische Wert ist), als Dispersionshof bezeichnet.

Der kartierende Geologe kann eine Lagerstätte auffinden, wenn er direkt auf ihre Ausbisse oder auf ihren Dispersionshof trifft, falls dieser makroskopisch erkennbar ist. Solche Fälle kommen aber entschieden selten vor. Da die meisten Erzmineralien leicht verwittern, sind Ausbisse dieser Lagerstätten selten anzutreffen. Ebenso selten treten makroskopisch feststellbare Höfe auf. Die meisten Lagerstätten werden von Höfen, die makroskopisch nicht feststellbar sind, umgeben. Das Problem der Prospektion von Lagerstätten durch Anwendung von Bohr- und bergmännischen Verfahren sieht ähnlich aus.

Die Anwendung geochemischer Prospektionsmethoden gestattet die Entdeckung des Lagerstättenhofs, ganz gleich, ob er makroskopisch feststellbar ist oder nicht. Die Ausbreitung der Höfe um die Lagerstätte herum ist aber ungleich größer als die Ausbreitung der Lagerstätte selbst. Demnach also verspricht die Prospektion von Lagerstätten mittels Untersuchung der Höfe einen erheblich größeren Erfolg als eine orientierende Prospektion, die unmittelbar auf die Lagerstättenentdeckung gerichtet ist.

Verf. möchte hier nicht die Kosten der geochemischen Prospektion erörtern, die entschieden für dieses Verfahren sprechen, da er in der Literatur keine Angaben bezüglich der Kostenschätzung für geochemische Prospektion und keine Gegenüberstellung mit den Kosten der Prospektion nach anderen Verfahren fand. Es soll lediglich ein Hinweis von Dozent GOGOCZOWSKI während der Diskussion zu einem Vortrag des Verf. im Geologischen Institut am 25. 1. 1957 erwähnt werden, der das Verhältnis dieser Kosten mit 1:10 bei der Erkundung des gleichen Gebiets veranschlagte.

Um das Problem der geochemischen Prospektion auf richtige Weise zu erfassen, muß man vor allem der Entstehung der Dispersionshöfe die größte Aufmerksamkeit schenken.

Bezüglich des Verhältnisses zur Lagerstätte kann man diese Höfe in zwei große Gruppen einteilen: Die primären und die sekundären Höfe.

A. Die *primären* Höfe bilden sich gleichzeitig mit der Lagerstätte oder später infolge der Wirkung hypogenetischer oder hypergenetischer Faktoren, aber immer in unverwitterten oder fast unverwitterten Nebengesteinen der Lagerstätte. Die geochemischen Vorgänge, die die Umlagerung von Metallen aus dem Lagerstättengebiet in die Nebengesteinsmasse verursachen können, sind folgende:

1. Die Zirkulation der mineralisierenden Lösung auf den Gesteinsspalten;
2. Die Diffusion der Metallionen durch die die Gesteinsspalten ausfüllenden Lösungen hindurch;
3. Die Lösung der Erzmineralien durch aszendente oder deszendente Wässer und Dispersion des Metalls in den Nebengesteinen;
4. Metalldiffusion im festen Zustand.

Zur Veranschaulichung des Bildungsvorganges der primären Höfe soll ein aus den Arbeiten des Amerikanischen Geologischen Dienstes entnommenes Beispiel auf der Lagerstätte Tintic in Utah angeführt werden. Hier handelt es sich um die graphische Darstellung für den zweiten Streuungstyp, d. h., die Metallwanderung fand mittels Diffusion der Ionen aus der erzführenden Lösung zu der die Spalten füllenden Lösung statt (Abb. 1 und 2).

Der Verbreitungsbereich und die Form der primären Höfe ist von Faktoren abhängig wie

1. dem geochemischen Charakter des der Umlagerung unterliegenden Elements;
2. den physikalisch-chemischen Bedingungen, nämlich der Dauer des Vorganges, der Konzentration des Elements in der Lagerstätte oder in der mineralisierenden Lösung, der Temperatur und dem Druck;
3. der chemischen Aktivität der Nebengesteine;
4. der Textur und Tektonik der Nebengesteine;
5. der Art der Genese des Erzes.

Vergleicht man die auf der Abb. 1 und 2 dargestellte Verbreitung der Zink- und Bleihöfe, so kann man den Einfluß zweier Faktoren verfolgen: Die Reichweite des Zinkhofes ist erheblich größer als die des Bleihofes,

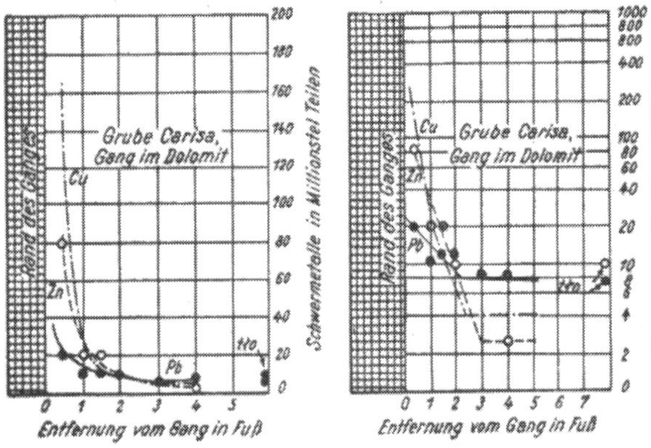

Abb. 1

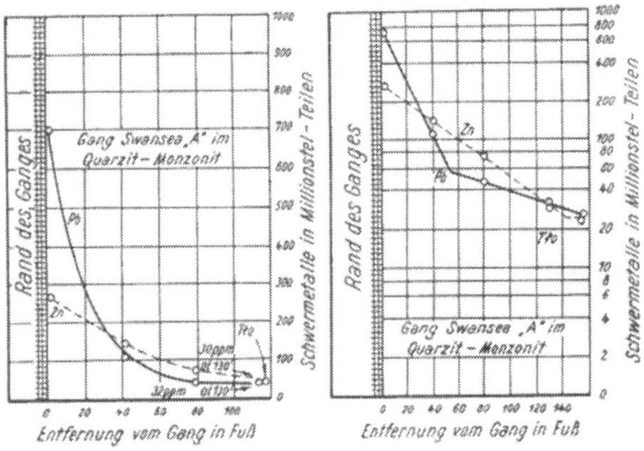

Abb. 2

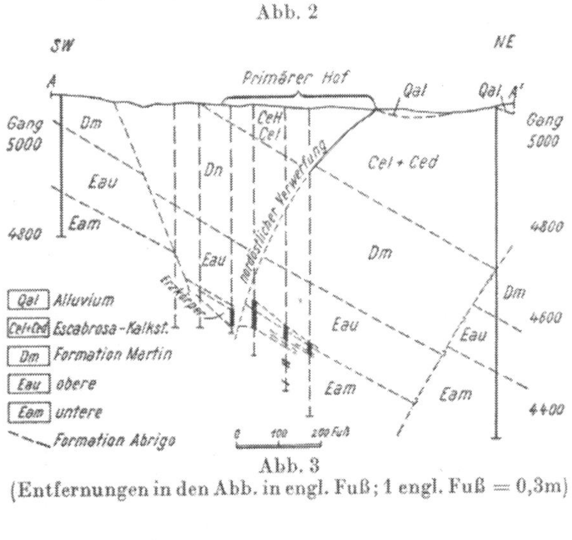

Abb. 3
(Entfernungen in den Abb. in engl. Fuß; 1 engl. Fuß = 0,3m)

ebenso ist die Reichweite des Hofes dieser beiden Elemente in schwach aktiven Gesteinen (Monzoniten) bedeutend größer als in chemisch aktiven Gesteinen (Dolomiten). Die in den ersten drei Punkten erwähnten Faktoren beeinflussen in ähnlicher Weise die Ausdehnung des Hofes, indem sie diese vergrößern oder verringern. Dagegen üben die strukturellen und genetischen Faktoren einen anderen Einfluß aus. Sie wirken in quantitativer Hinsicht auf die Reichweite und den Charakter der Höfe hin und bedingen ihre Form. Der in Abb. 3 dargestellte Fall ist typisch für die Beeinflussung durch Tektonik und Textur. Der primäre Hof verläuft auf der Sprungkluft und dringt entsprechend der Schichtung des Gesteins von ca. 130 m Teufe bis an die Oberfläche. Als Beispiel für die Abhängigkeit der Ausbildung primärer Höfe von der Lagerstättengenese könnte man Ganglagerstätten einer Lagerstätte sedimentären Typs (z. B. Kupferschieferlagerstätte) gegenüberstellen, wobei die Streuung des Elements als charakteristisch für den primären Hof zu betrachten ist.

Hier wäre hervorzuheben, daß der primäre Hof manchmal ausschließlich innerhalb einer Mineralphase auftritt, wie z. B. in der zitierten Lagerstätte Tintic. Er erscheint dort zwar nur in der sulfidischen Phase, aber der mittlere Gehalt an Schwermetallen für die sulfidische und silikatische Phase weist in der Gesamtsumme keinen Unterschied auf.

B. Wenn die Lagerstätte infolge von tektonischen und Erosionsvorgängen in die Verwitterungszone gerät, dann entsteht unter Einfluß exogener Faktoren ein großer *sekundärer* Hof, der den Boden, das Alluvium, die Oberflächen- und Grundwässer, die Biosphäre und manchmal auch die Bodenluft und die Atmosphäre umfaßt.

SMIRNOW zählt folgende, die Verwitterungsart und den Verwitterungsgrad der Lagerstätte beeinflussende Faktoren auf:

a) die klimatischen Verhältnisse,
b) die morphologischen und tektonischen Faktoren,
c) die allgemeinen Grundzüge der Metallprovinz,
d) die allgemeinen Merkmale des Chemismus der Wässer,
e) den Charakter des Erzkörpers,
f) den Charakter der Nebengesteine,
g) die Lagerungsverhältnisse der Lagerstätte.

Alle diese Faktoren üben natürlich auch einen Einfluß auf die Ausbildung der sekundären Faktoren aus. Ohne uns auf die spezifische Analyse ihres Einflusses einzulassen, gehen wir sofort zur Charakterisierung der sekundären Hoftypen über.

Die zweckmäßigste Einteilung ergibt sich aus der näheren Bestimmung der geochemischen Sphäre, in der der gegebene Hof ausgebildet ist; demnach kann man lithosphärische, hydrosphärische, atmosphärische und biosphärische sekundäre Höfe unterscheiden. Entsprechend sind auch die geochemischen Aufnahmeverfahren in lithochemische, hydrochemische, biochemische und atmochemische Verfahren einzuteilen.

Die *lithosphärischen* Höfe stellen einen spezifischen Dispersionstyp in der Lithosphäre dar, dessen schematische Anordnung in Abb. 4 veranschaulicht ist. Wie aus diesem Schema hervorgeht, entsteht direkt im Hangenden der Lagerstätte der *Verwitterungshof*, dagegen bilden sich unterhalb, im Bereich der alluvialen Sedimente, *Streuungsströme* (-bäche[1]) aus.

[1] Wörtlich übersetzt (d. Übers.).

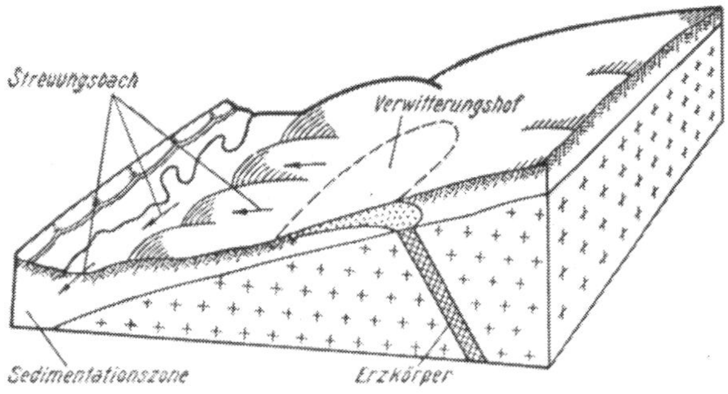


Abb. 4: Verwitterungshof und Streuungsbach

Der Verwitterungshof kann je nach dem Verwitterungstyp ein *chemischer* oder auch ein *mechanischer* sein. Der erstgenannte kann im Deckgebirge durch Metalleinsickerung entstehen, dann wird er als Umlagerungshof im Gegensatz zum Residualhof bezeichnet, der im Bereich der nicht umgelagerten oder kaum umgelagerten Verwitterungsschichten gegenüber der in situ lagernden Gesteine entsteht. Die mechanischen Höfe vom Umlagerungstyp sind Ausnahmeerscheinungen; sonst gehören sie fast ausschließlich dem Residualtyp an. Der mechanische Hof unterscheidet sich vom chemischen durch seine Form. In Abb. 5 und 6 wurde ein entsprechendes Beispiel für einen residual-mechanischen Hof sowie das Schema eines chemischen Verwitterungshofes dargestellt. In der Praxis haben wir mit einem Mischhof zu tun, bei dem entweder der eine oder der andere Typ überwiegt.

Durch Auswaschung des Dispersionshofes entstehen im Bereich der alluvialen Absätze Anreicherungen, die eigentlich als ein besonderer Typ der lithosphärischen Höfe anzusehen sind. Da sich hier die isometrische Form und die spezifische Abhängigkeit der Lage zur Lagerstätte vollständig verlieren, verwendet man statt der Bezeichnung „Hof" den Namen „Streuungsbach", der mehr dem Charakter der Streuung entspricht. Ähnlich wie im vorherigen Falle kann man zwei Streuungsbäche unterscheiden: Den *mechanischen* (zerstreut liegende Ansammlungen) und den *chemischen* Streuungsbach. Der letztere ist insofern besonders wichtig, als fast alle Erzmineralien infolge ihrer geringen chemischen Widerstandsfähigkeit durch eben die chemischen Streuungsbäche charakterisiert werden. Die mechanischen Bäche entstehen nur ganz nahe der Lagerstätte, und die dauerhaften sowie die von größerer Reichweite treten nur in Verbindung mit Lagerstätten der widerstandsfähigen Mineralien, wie Gold-, Platin- und Zinnsteinlagerstätten auf.

Im folgenden wird kurz der Entstehungsvorgang eines chemischen Streuungsbaches beschrieben. Das Metall wird im Bereich des primären oder sekundären Hofes gelöst und durch die Oberflächen- oder Grundwässer in den Bach geleitet, der die Wässer aus dem Bereich des gegebenen Einzugsgebietes abführt. Hier erfolgt die Metallabscheidung durch Ausfällung oder meistens infolge Absorption durch organische Substanzen und Tonmineralien.

Die *hydrosphärischen* Höfe entstehen infolge der durch Grund- und Oberflächenwasser verursachten Lösung der Erzmineralien. Es handelt sich hier um die Anreicherung der fließenden Wässer mit Ionen des betreffenden Schwerminerals. Diese Höfe sind sehr unregelmäßig und schwierig zu interpretieren. Oft treten Pseudohöfe auf, die infolge einer langen, aber langsamen Wanderung von Wässern innerhalb der Gesteine mit einem sogar sehr geringen Schwermetallgehalt entstanden sind. Die Gehalte des Elements sind natürlicherweise im Durchschnitt erheblich geringer als in anderen Hoftypen. Die Entstehung dieser Höfe hängt von ähnlichen Faktoren ab, wie sie bei den lithosphärischen Höfen wirksam sind, jedoch mit dem Unterschied, daß diese Abhängigkeit bedeutend größer ist. Außerdem weisen sie eine zusätzliche Abhängigkeit von den jahreszeitlichen Veränderungen auf.

Als Beispiel für eine intensive Einwirkung äußerer Bedingungen soll hier folgende Tatsache angeführt werden: Die leichte Löslichkeit der Zinkverbindungen

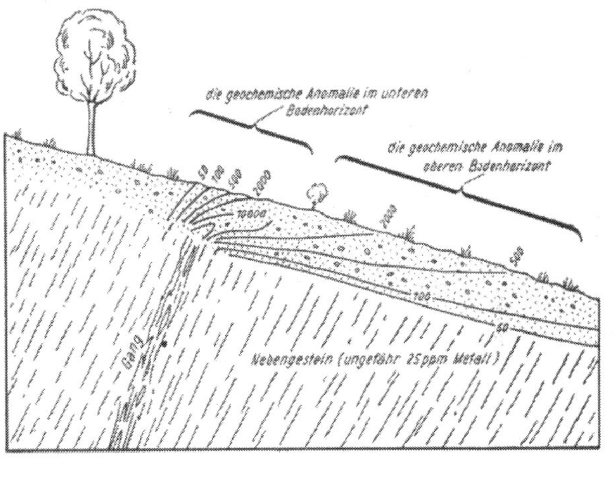


verursacht undeutliche und verwaschene Verwitterungshöfe, also ist auf dieser Grundlage die Feststellung der Lagerstättenlage auch erheblich schwieriger. Dieselbe leichte Löslichkeit der Zinkverbindungen ruft aber sehr leicht hydrosphärische Pseudohöfe hervor, so daß die Aufsuchung dieses Elements durch hydrochemische Verfahren überhaupt unmöglich ist.

Andererseits muß betont werden, daß die Wasserprobe in chemischer Hinsicht nicht irgendeinen gewählten Punkt, an dem sie entnommen wurde, charakterisiert, sondern ein größeres Gebiet. Dagegen charakterisiert z. B. eine Bodenprobe in geochemischer Hinsicht nur einen Punkt, der dem Probenahmepunkt entspricht. Folglich werden bei den hydrochemischen Aufnahmen erheblich weniger Beobachtungspunkte benötigt als bei den litho- oder biochemischen Aufnahmen. Am Ende der Beschreibung der hydrosphärischen Höfe soll noch hinzugefügt werden, daß ihre Beobachtung durch indirekte Indikatoren, wie die Konzentration der Sulfationen oder die Relation der Sulfationen zu den Chlorionen in der Lösung, oftmals sehr gute Ergebnisse erzielt.

Die *atmosphärischen* Höfe treten nur bei Lagerstätten von Kohlenwasserstoffen und radioaktiven Ele-

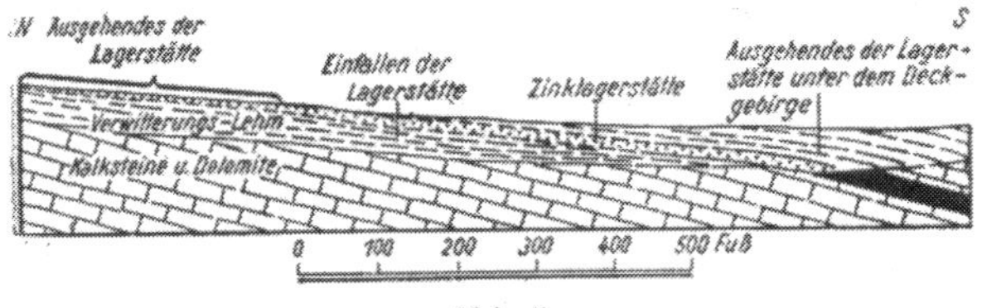


Abb. 5

menten auf. Sie stellen ein Sonderproblem dar, das Verf. in diesem Referat nicht besprechen wird. Als Beispiel für diese Höfe sollen nur die Entstehung der mit Erdöl- und Erdgaslagerstätten verknüpften Kohlenwasserstoffhöfe in der Bodenluft sowie die Entstehung der die Uranlagerstätten umgebenden Radium-Emanationshöfe erwähnt werden.

Die *biosphärischen* Höfe umfassen die Anreicherung von schweren Elementen in den Pflanzenzellen fast aller Pflanzenarten und -gattungen. Bei der Bildung der Höfe dieses Typs üben außerdem Faktoren der lithosphärischen Höfe, die biologischen Bedingungen, die Pflanzenart und -gattung, ihr Alter, Art und Alter der untersuchten Pflanzenzelle sowie die Jahreszeit, in der die Probe entnommen wurde, einen Einfluß aus. Diese zusätzlichen Bedingungen komplizieren den Charakter der Höfe. Andererseits ist die Anreicherung gewisser Elemente durch manche Pflanzen eine gesicherte Tatsache. Auch Mangelerscheinungen und andererseits besonders günstige Pflanzenentwicklung sind von der Mikrochemie des Untergrundes abhängig. Die während der Pflanzenentwicklung auftretenden Mangelerscheinungen sind von der Mikrochemie des Untergrundes genauso abhängig wie die Entwicklung gewisser Gattungen. Diese Merkmale können makroskopisch ohne Anwendung von Laboruntersuchungen beobachtet werden, mithin die Prospektion auf die Geländebeobachtung beschränken.

Für die Entwicklung der biogeochemischen Anomalie, die makroskopisch oder chemisch in Erscheinung treten kann, müssen jedoch für die Florenentwicklung günstige regionale Verhältnisse herrschen. Ohne sie kann diese Anomalie nicht entstehen. Die biogeochemischen Anomalien sind zwar meistens mit den Verwitterungshöfen eng verbunden, aber auch in manchen Fällen direkt mit dem Chemismus des unverwitterten Gesteins im Untergrund verknüpft. Dann ist ihre Untersuchung viel zweckmäßiger als die der Verwitterungshöfe.

## Die Arbeitsorganisation bei den geochemischen Untersuchungen

Die Sowjetunion ist wahrscheinlich das einzige Land, in dem die gesamten Arbeiten für die geochemischen Untersuchungen systematisch betrieben und von der staatlichen Planung miterfaßt werden. In den Vereinigten Staaten und in Großbritannien wird ein Teil der von den Staatlichen Geologischen Diensten geleiteten methodischen Arbeiten planmäßig und systematisch abgewickelt. Dagegen werden die Prospektionsarbeiten meistens von verschiedenen privaten Unternehmern planlos und unkoordiniert vorgenommen. In anderen Ländern werden sogar die methodischen Arbeiten eher zufällig und je nach den Interessen der Wissenschaftler, der Konjunktur, den Aufträgen der privaten Unternehmer u. a. durchgeführt.

Die methodischen Arbeiten in der UdSSR werden in erster Linie von den verschiedenen, dem Ministerium für Geologie und Lagerstättenschutz, der Akademie der Wissenschaften und dem Ministerium für Hochschulwesen unterstellten zentralen Institutionen betrieben, z. B. durch das Allunions-Institut für geophysikalische Erkundungen, das Allunions-Institut für Erkundungstechnik, das Allunions-Institut für mineralische Rohstoffe, das Wernadski-Institut für Geochemie usw. Daneben besitzen die meisten regionalen Trusts für Geophysik eigene Abteilungen, die sich mit der methodischen Forschung auf dem Gebiet der geochemischen Prospektion befassen, weil in der Sowjetunion die geochemischen Untersuchungen eben von den Trusts für Geophysik durchgeführt werden. Für diese Einrichtung sprechen zwei Gründe: 1. Die Methodik für die geochemische Prospektion wurde von Geophysikern (SOFRONOW, SOLOWJOW, MILLER usw.) ausgearbeitet, 2. die ersten Untersuchungen wurden in bereits von Geologen kartierten Gebieten vorgenommen und während der geochemischen Aufnahme mittels geophysikalischer Arbeiten nachgeprüft. Aus dieser Lage der Dinge ergibt sich zweifellos die positive Tatsache, daß die geochemischen Verfahren (Metallometrie) mit den geophysikalischen Aufschlußmethoden (Magnetik, Eigenpotential, Kappametrie u. a.) eng gekoppelt angewandt werden. Die negative Seite dieser Angelegenheit wäre das zu schematische Herangehen der Geophysiker an diese geochemischen Probleme, ohne sich mit den individuellen Merkmalen der verschiedenen geologischen Gebiete zu befassen. Gegenwärtig wird dieser Zustand durch die Einstellung einer größeren Anzahl geologisch ausgebildeter Mitarbeiter in die geophysikalischen Trusts ausgeglichen. Im folgenden soll noch in großen Zügen der Charakter dieser geophysikalischen Trusts erläutert werden, die in der Sowjetunion die geophysikalischen und geochemischen Untersuchungen im breiten Maßstab durchführen. Es handelt sich um Betriebe für geologische Erkundung, die die Prospektion mittels direkter, das bedeutet geophysikalischer und geochemischer Methoden, betreiben. Mit diesen Arbeiten werden gleichzeitig bestimmte geologische Beobachtungen an deren Erkundungsprofilen durchgeführt. Unter den Mitarbeitern dieser Institutionen befinden sich viele Geologen, davon solche mit Hochschulbildung, in der gleichen Anzahl wie Geophysiker.

Falls durch deren Arbeiten Anomalien entdeckt werden, die Hinweise auf das mögliche Auftreten einer Lagerstätte geben, wird von dem geophysikalischen Trust die Erforschung der entdeckten Anomalie mittels Bohr- und bergmännischer Verfahren durchgeführt. Ein Trust verfügt über eigene Bohranlagen und bergmännische Brigaden. Mithin fehlen dem geophysikalischen Trust der Vollständigkeit halber für die geologische Prospektion nur noch selbständige Abteilungen, die die Prospektionsprognose nach indirekten Methoden bearbeiten, d. h. anhand von Studien der Genese, der Struktur, der Veränderlichkeit der faziellen Ausbildung u. a. Auf diesem Gebiet ist der Trust von der über solche Abteilungen verfügenden Regionalen Geologischen Verwaltung abhängig.

Der ganze Ablauf der Prospektionsarbeiten ist also folgender: Die Regionale Geologische Verwaltung stellt (durch Untersuchungen der Tektonik, des Magmatismus, der Sedimentation, der Metallogenese, der Stratigraphie u. a.) die höffigen Gebiete fest. Danach wird durch Vermittlung der Zentralbehörden der geophysikalische Trust mit der Durchführung geophysikalisch-geochemischer Aufnahmen in diesen Gebieten beauftragt. Der zuständige geophysikalische Trust führt die Prospektion durch, überprüft die festgestellten Anomalien mittels bergmännischer Verfahren oder Bohrverfahren und übermittelt diese in Form eines Ergebnisberichts an die Regionale Geologische Verwaltung zur endgültigen Bearbeitung.

In der UdSSR wurde die Methodik der geochemischen Arbeiten sowohl im Gelände als auch im Laboratorium in einer einheitlichen Instruktion zusammengefaßt. Diese sehr genaue Instruktion bestimmt alles, angefangen von dem Abstand der Probenahmestellen, des analytischen Arbeitsverfahrens bis zur Beschriftung der Probebeutel und der zu empfehlenden Bleistiftart zum Eintragen der Proben ins Tagebuch. Die durch erstklassige Fachkräfte auf dem Gebiet der geochemischen Prospektion ausgearbeitete Instruktion enthält ein ausgezeichnetes Material von unermeßlichem Wert. Im Augenblick ist sie schon etwas veraltet (herausgegeben im Jahre 1951), so daß eine neue bereits in Bearbeitung ist. Eine so ins einzelne gehende, durch Normen erfaßte geochemische Erkundung hat ihre positive und negative Seite. Als Positivum kann man zweifellos die Vergleichbarkeit der im ganzen Landesgebiet mittels derselben Methode erzielten Ergebnisse sowie die mögliche Ausführung dieser Arbeiten durch Geologen und Geophysiker zählen, denen das Problem der geochemischen Aufsuchung fast unbekannt ist. Andererseits aber schränkt die Instruktion zweifellos das individuelle Herangehen an die verschiedenen geologischen Probleme ein.

Während der mit den sowjetischen Geologen geführten Besprechungen wurde von ihnen die Notwendigkeit einer solchen spezifizierten Instruktion durch den Mangel an hochqualifizierten Kadern begründet. (Wir können dieser Kritik d. Verf. nicht ganz zustimmen, sondern sind der Meinung, daß eine solche Instruktion notwendig ist und durchaus nicht individuelles Arbeiten einzuschränken braucht. D. Red.)

## Die Methodik der geochemischen Erkundung

Die geochemische Erkundungsmethodik steht in enger Beziehung zur Organisation der Erkundungsarbeiten. Diese Abhängigkeit zeigt sich vor allem auf dem Gebiet der unterschiedlichen analytischen Methodik in den verschiedenen Ländern sowie in geringerem Maße auf dem Gebiet der geochemischen Probenahme.

Bei der Probenahme sind zwei Probleme zu untersuchen:

a) Die Dichte der Beobachtungspunkte in Abhängigkeit vom Maßstab der Aufnahme;

b) Die Art der Probenahme ist von dem Aufnahme-Maßstab nur in geringem Maße, aber sehr stark von dem Zweck und dem Aufnahmeverfahren abhängig.

Der Aufnahmemaßstab schränkt in gewissem Grade die Methode ein.

Die Übersichtsaufnahmen, die eine allgemeine Charakteristik der Metallogenese eines gewissen größeren geologischen Gebiets bezwecken, werden im Maßstab von 1:500000 bis 1:50000 durchgeführt. Für Aufnahmen dieser Art ist die Methode der Streuungsbäche und vor allem die Aufnahme mit dem hydrochemischen Verfahren geeignet. Die in der UdSSR auf diesem Gebiet angewandten ,,metallometrischen" Aufnahmen (Aufnahme der Verwitterungshöfe) geben nicht immer die erwarteten Erfolge. Am Ende einer Übersichtsaufnahme müßte sich eine Aufteilung des untersuchten Gebiets in einzelne, hinsichtlich der Erzführung unterschiedliche Zonen ergeben.

Die Spezialaufnahmen werden im Maßstab von 1:50000 bis 1:500 durchgeführt. Ihr Zweck ist eine genaue Lokalisierung der Erzkörper, die Bestimmung der Lage ihres Ausgehenden usw. Die besten Ergebnisse werden hier mittels metallometrischer und biochemischer Aufnahmen erzielt, schlechtere Ergebnisse ergibt die Aufnahme der Streuungsbäche. Die Anwendung der hydrochemischen Aufnahme wird hier zweckmäßigerweise gänzlich unterlassen.

In der UdSSR sind bei den metallometrischen Aufnahmen folgende allgemeingültige Grundsätze für die Verdichtung der Beobachtungspunkte zu beachten:

1. Die Aufnahmen werden so durchgeführt, daß man rechtwinklig zur geologischen Struktur Profile anlegt, wobei die Entfernung zwischen den Profilen auf der Karte generell 1 cm beträgt. So müßte z. B. bei einer Aufnahme 1:200000 die Entfernung zwischen den Profilen 2 km, beim Maßstab 1:50000 entsprechend 0,5 km usw. betragen.

2. Die Entfernung zwischen den Beobachtungspunkten auf dem Profil müßte ungefähr ein Zehntel der obigen Größe ausmachen. Für den Maßstab von 1:200000 müßte sie also 200 m, bei 1:50000 entsprechend 50 m betragen. Dieser Grundsatz wird ziemlich genau bei großen Maßstäben unter 1:50000 beibehalten, auf dem Gebiet der Übersichtskartierungen ist sie durch die Festlegung der oberen Begrenzung der Entfernung zwischen den metallometrischen Proben eingeschränkt. Die Einschränkung beträgt 50–100 m. Demnach ist also bei Aufnahmen kleiner Maßstäbe die Verdichtung der Proben durch die Wahl der im obigen Punkt festgesetzten Dichte der metallometrischen Profile begrenzt.

Bei den Aufnahmen der Streuungsbäche wird die in der untenstehenden Tabelle I angegebene Dichte der Beobachtungspunkte angewandt. Bei den hydrochemischen Aufnahmen ist die Verdichtung der Beobachtungspunkte auf natürliche Weise entsprechend den hydrologischen Verhältnissen begrenzt. Der Orientierung halber führt Verf. die von Brodskij empfohlene Verdichtung der Probenahme bei Erkundungen auf Kupfer mittels der hydrochemischen Methode an (Tab. I).

Diese Tabelle veranschaulicht gut die Abhängigkeit der geochemischen Aufnahmemethode vom Maßstab dieser Aufnahme. Leider gibt sie keine Normen für biochemische Aufnahmen an. Solche Normen sind Verf. unbekannt, und da die Probleme der biogeochemischen Erkundung sich immer noch im Anfangsstadium der Forschung befinden, sind solche Normen wahrscheinlich überhaupt noch nicht vorhanden.

Aus den Arbeiten des Westens ist zu entnehmen, daß dort jede spezifische Normung der Dichte der Beobachtungspunkte fehlt. Die Dichte wird von Fall zu Fall von dem Wissenschaftler festgelegt. Die Entfernungen zwischen den Beobachtungspunkten sind sehr verschieden und wechseln von einigen zehn Zentimetern bis zu einigen hundert Metern. Ebenfalls fehlt eine genaue Normung der räumlichen Anordnung der Beobachtungspunkte, die oft längs der Profile angesetzt sind, aber auch oft ganz unregelmäßig verstreut liegen. In solchem Falle sollte die Anordnung der Beobachtungspunkte den geologischen, morphologischen u. a. Verhältnissen entsprechen. Gemäß der sowjetischen In-

Tabelle I

| Maßstab | Anzahl der Beobachtungspunkte pro $km^2$ | | |
|---|---|---|---|
| | Streuungsbach | Metallometrie | Hydrochemie |
| 1 : 500 000 | – | – | 0,05 – 0,1 |
| 1 : 200 000 | 1,7 – 2,1 | 5 – 10 | 0,1 – 0,2 |
| 1 : 100 000 | 4,5 – 5,0 | 10 – 20 | – |
| 1 : 50 000 | 11,0 – 14,0 | 40 | 0,5 – 15,0 |
| 1 : 25 000 | 24,0 – 32,0 | 160 | – |
| 1 : 10 000 | 50,0 – 70,0 | 1000 | – |

struktion über die metallometrischen Aufnahmen werden die geochemischen Proben punktweise entnommen. Der Probenahmepunkt entspricht dabei direkt dem Beobachtungspunkt. Es wird eine Bodenprobe von ca. 200 g Gewicht aus etwa 15 bis 20 cm Tiefe entnommen. In Fällen, in denen sich infolge einer sehr großen Genauigkeit der Aufnahme die Notwendigkeit ergibt, die Proben in geringeren Abständen als 5 m zu nehmen, können ausnahmsweise einige benachbarte Proben zusammengeschüttet werden. Die Probenahme bei Aufnahmen der Streuungsbäche findet in ähnlicher Weise statt. Der Beobachtungspunkt entspricht unmittelbar dem Punkt, an dem die Probe entnommen wird. Er hat in der Mitte des Bachbettes zu liegen, wo tonige Sedimente vorkommen, die immer die größten Mengen an absorbierten Schwermetallen enthalten.

Bei Aufnahmen in Übersichtsmaßstäben gibt man die Probenahmepunkte mittels Kompaß an, und die Entfernung wird nach Schrittmaß gemessen, bei Spezialaufnahmen aber werden die Proben an den im Gelände durch geodätische Methoden genau abgesteckten Profilen entnommen.

In den Arbeiten der westlichen Geologen entsprechen die Beobachtungspunkte meist den Probenahmepunkten. So werden z. B. bei Untersuchungen primärer Höfe einem Aufschluß einige Proben entnommen, jede wird einzeln analysiert und dann der Mittel- oder Höchstwert berücksichtigt; oder die Proben werden vermengt und diese Mischprobe analysiert. Bei den Untersuchungen sekundärer Höfe werden 4 Bodenproben aus jeder Ecke eines Quadrats von 1 m Seitenlänge entnommen und für die Analyse gemischt. Bei den Untersuchungen von Streuungsbächen werden meist 4—5 Proben quer zum Bachbett entnommen, die gemischt oder auch getrennt analysiert werden. Von den errechneten Werten wird einer als charakteristisch angenommen. Alle diese Operationen werden durchgeführt, um ein annähernd objektives Bild der geochemischen Gradienten zu erzielen und den Einfluß zufälliger Faktoren auszuschalten. Auch wird die Probe verschiedenen Tiefen entnommen, sehr oft 3—6 übereinanderliegende Proben aus einem Profil, um das Verhalten des Metalls in der Vertikalen zu charakterisieren.

Zwischen den in der UdSSR angewandten chemischen Bestimmungsmethoden und den in anderen Ländern gebräuchlichen Nachweisverfahren bestehen große Unterschiede. Die einzige Ausnahme bilden die skandinavischen Länder, wo sich eine auf die Emissionsspektralanalyse gestützte Methode entwickelt hat.

Das Ideal einer analytischen Methode für die geochemischen Bestimmungen wäre ein Verfahren, das folgende Bedingungen erfüllt:

1. Die Bestimmung müßte sehr schnell durchführbar sein.

2. Die Anwendungsmöglichkeit auf verschiedene Elemente (erwünscht wäre der gleichzeitige Nachweis einer möglichst großen Anzahl von Elementen).

3. Diese Methode müßte eine hohe Empfindlichkeit besitzen, die die Größenwerte des Clarkes des zu bestimmenden Elements überschreitet.

4. Eine mittlere Genauigkeit.

5. Geringe Bestimmungskosten.

6. Die Analysenapparatur müßte einfach, billig und transportsicher sein.

7. Die für die Bestimmung erforderlichen Reagenzien dürften nicht schwer sein und nur wenig Platz einnehmen; es wäre wünschenswert, flüssige Reagenzien nicht anzuwenden, vielmehr sollten diese erst an Ort und Stelle zubereitet werden.

Es ist verständlich, daß bis jetzt ein solches Verfahren, das alle diese Bedingungen erfüllt, noch nicht existiert. Ein universelleres Bestimmungsverfahren, d. h. eine Methode, die fast alle erwähnten Bedingungen erfüllen kann, ist die *Emissionsspektralanalyse.* Eine Ausnahme bilden Punkt 3, weil ihre Empfindlichkeit für manche Elemente nicht an die Clarke-Größen reicht, sowie Bedingung 6, weil die spektrographische Apparatur kompliziert ist und während des Transports sehr leicht beschädigt werden kann; aber das entscheidendste wäre ihr sehr hoher Preis.

Die Bedingung unter Punkt 6 ist von wesentlicher Bedeutung, denn eben diese ist dafür entscheidend, daß die Entwicklung der analytischen Methode außerhalb der UdSSR eine ganz andere Richtung genommen hat. Die Beschaffung der teuren spektrographischen Geräte ist für die privaten geologischen Unternehmen mit großen Schwierigkeiten verbunden. In den westlichen Staaten war dies ein „ökonomischer Zwang", der zur Entwicklung einer Reihe analytischer Schnellverfahren geführt hat, die unter den Geländeverhältnissen gestatten, geochemische Analysen durchzuführen, ohne dabei von den spektrographischen Nachweisverfahren Gebrauch machen zu müssen.

In der UdSSR werden die analytischen Bestimmungen nicht unmittelbar im Gelände oder in transportablen Feldlaboratorien durchgeführt. Die sowjetischen Laboratorien der geophysikalischen Expeditionen sind stationär; sie verbleiben an einer Stelle mindestens ein Jahr, aber sehr oft einige und sogar auch einige Dutzend Jahre.

Das Spektrallaboratorium besitzt zwei Arbeitsräume. In dem einen findet die Probenvorbereitung statt. Dort werden die Proben zerkleinert, gepulvert sowie die Muster vorbereitet und die Elektroden gestopft. Im zweiten, dem spektrographischen Arbeitsraum, werden dann die Spektrogramme aufgenommen und ausgewertet.

Im folgenden soll die angewandte analytische Methode kurz charakterisiert werden: Benutzt wird ein Quarz-Spektrograph vom Typ IS P-22. Die Auswertung erfolgt durch visuelle Bestimmung der Intensität der zur Analyse benutzten Linien. Dabei werden folgende Bezeichnungen benutzt:

— die Linie fehlt,
n die Linie zeichnet sich sehr schwach ab,
sl die Linie ist schwach sichtbar,
\+ eine deutlich intensive Linie ist vorhanden.

Es werden im Mittel etwa 12 Elemente gleichzeitig bestimmt. Die Eichproben werden aus der gut durchgemischten Probe hergestellt, die aus dem untersuchten Gebiet stammt und die gesuchten Schwermetalle in hoher Konzentration enthält. Deren genaue Menge wurde mittels des klassischen Analysenverfahrens ermittelt. Diese Probe wird mit einer „tauben" Probe „verdünnt", die Beimengungen an Schwermetallen nicht in solchen Mengen enthalten darf, die durch die Spektralanalyse noch nachweisbar wären. Auf diese Weise erhält man Eichproben von einer Zusammen-

Tabelle II

| Element | Clarke-Zahl | Gehalt des sekundären Hofs | | Gehalt im Streuungsbach | Empfindlichkeit der analytischen Methode | | |
|---|---|---|---|---|---|---|---|
| | | maximal | mittel | | spektralanalyt. | kolorimetrisch | chromatographisch |
| Pb | 0,0016 | 10,0 | 0,02 –1,0 | 0,3 | 0,001 | 0,02 [2]) | 0,002 [1]) |
| Zn | 0,005 | 10,0 | 0,03 –0,3 | 0,3 | 0,03 | 0,005 [2]) | |
| Cu | 0,01 | 3,0 | 0,03 –0,6 | 0,1 | 0 001 | 0,01 [2]) | 0,002 [1]) |
| Ag | 0,00001 | | | | 0,0001 | | |
| Ni | 0,008 | 1,0 | 0,10 –1,0 | | 0,002 | | |
| Co | 0,003 | | | | 0,003 | 0,0004 [3]) | 0,001 [1]) |
| Sn | 0,04 | 3,0 | 0,01 –0,3 | 1,0 | 0,001 | | |
| W | 0,0001 | 1,0 | 0,03 –0,3 | 0,3 | 0,01 – 0,03 | | |
| Mo | 0,0003 | 1,0 | 0,003 –0,3 | 0,2 | 0,0003 | 0,00001 [4]) | |
| V | 0,015 | | | | 0,001 – 0,003 | | |
| Hg | 0,000007 | 0,06 | 0,001 –0,01 | | $0{,}10^5$ – $0{,}10^6$ | | |
| Cr | 0,02 | 10,0 | 0,50 –6,0 | | 0,01 | | |
| Ti | 0,06 | | | | 0,003 | | |

[1]) HUNT; [2]) HUFF; [3]) KODER; [4]) CLARKE; die übrigen Daten nach Solowjow

setzung, die den zu untersuchenden geochemischen Proben angenähert ist.

Es werden Kohleelektroden von 6 mm Durchmesser benutzt, das Loch für die Aufnahme der Probe hat einen Durchmesser von 2 und eine Tiefe von 3 mm. Das Abbrennen findet im Wechselstrom von ungefähr 6 Amp. statt und dauert 30 Sekunden. Bei der Ermittlung schwerflüchtiger oder auch schwachflüchtiger Elemente sind gewisse Abweichungen von diesem Schema statthaft.

Die Empfindlichkeit dieser Methode im Vergleich zu anderen zeigt Tabelle II. Die Aufnahme erfolgt serienweise auf Spektralplatten von je 100—120 Stück, die Verf. in ihren näheren technischen Daten unbekannt sind. Die Plattengröße beträgt 9 × 12 cm.

Als Beispiel soll erwähnt werden, daß binnen 8 Arbeitsstunden von einem Laboranten 410 Proben bei einer Abbrenndauer von 30 Sekunden je Probe belichtet werden können. Zu bemerken wäre noch, daß der die Proben abbrennende Laborant schon gefüllte Elektroden erhält, so daß die Zeit der Vorbereitung der Proben, des Ausbohrens der Elektroden usw. nicht mit einbegriffen ist und es sich nur allein um die Zeit des Abbrennvorganges handelt. Zur Zeit verfügt Verf. noch nicht über das Material bezüglich der Dauer des Auswertens der Spektren. Auf Grund persönlicher Beobachtungen wurde festgestellt, daß von einem Laboranten ungefähr ein Arbeitspensum anfällt, das von 2 Auswertern bearbeitet werden muß. Letztlich erfuhr die Methodik der Spektralanalysen durch die Einführung des rotierenden Sektors gewisse Veränderungen. Diese Veränderung verringert die subjektiven Einflüsse bei der Bewertung und beschleunigt bei erhöhter Genauigkeit das Ablesen. Dabei fällt hier die Leistung unter denselben Verhältnissen wie oben auf 325 Proben bei 8 Arbeitsstunden.

Wie schon am Anfang dieses Abschnitts erwähnt, wurden im Westen, besonders in den USA und England, kolorimetrische und chromatographische Methoden entwickelt. Bereits oben betonte Verf., daß die Hauptursache für diese Sachlage der hohe Anschaffungspreis für den Spektrographen ist und dadurch die Anschaffung unterblieben ist. Eine andere Ursache, welche die westlichen Geochemiker veranlaßt, die Spektralmethoden nicht anzuwenden, ist auf die ganz andere Einrichtung ihrer geochemischen Laboratorien zurückzuführen, die niemals länger als eine Saison an einer Stelle verbleiben und oft auch während einer Saison mehrere Male den Aufenthaltsort wechseln. Ebenso gibt es Laboratorien, die in Kombiwagen, gleichsam in „Stationswagen" untergebracht sind.

Diese Methoden sind zwar in vielem den Spektralmethoden unterlegen, es muß aber hervorgehoben werden, daß keine kostspielige und komplizierte Apparatur für diese Bestimmungen erforderlich ist und sie manchmal sogar die Spektralmethoden an Empfindlichkeit und Genauigkeit übertreffen. Die Hauptunzulänglichkeiten sind folgende: Die gleichzeitige Ermittlung einer größeren Anzahl von Elementen ist nicht möglich; die Leistungsfähigkeit ist erheblich geringer. Die tägliche Leistung mit den besten Methoden überschreitet keine 50 Bestimmungen binnen 8 Stunden. Die Bestimmung unmittelbar im Gelände ist angebracht, da der Transport der Proben entfällt und eine große Intensität der Arbeiten gewährleistet wird, die für eine rasche Entdeckung der Lagerstätten wesentlich ist.

Diese Methoden werden ständig ergänzt und verbessert. Als Beispiel soll das von H. Bloom ausgearbeitete Verfahren erwähnt werden, bei dem der Nachweis der Schwermetalle wie Zink, Blei und Kupfer gemeinsam in einem Arbeitsgang durchgeführt wird. Es handelt sich dabei um eine gemeinsame Extraktion der Schwermetalle aus der Bodenprobe durch eine Ammoniumcitratlösung und einer gleichzeitig mit dem Nachweis dieser Metalle verbundenen Extraktion mittels einer Xylen-Dithizon-Lösung.

Als Beispiel einer verbesserten chromatographischen Methode möchte Verf. hier ein von B. C. Hunt und Mitarbeitern entwickeltes und beschriebenes Verfahren anführen. Es beruht auf der Grundlage der Farbabdrücke auf Chromatographenpapier unter Verwendung organischer Reagenzien und nachfolgender Ermittlung der Metallgehalte durch die mittels einer einen Farbkomplex bildenden Reagenz hervorgerufene Farbentwicklung. Bei Anwendung dieses Verfahrens können gleichzeitig 10 Proben untersucht und 3 Metalle, z. B. Kupfer, Kobalt und Nickel, nachgewiesen werden.

Ein weiterer Vorteil der chromatographischen und kolorimetrischen Verfahren besteht in der Möglichkeit, die selektive Analyse der einzelnen Mineralphasen durch Ätzung der verschiedenen geochemischen Proben mit Reagenzien, wie Citraten, Schwefel-, Salz-, Salpetersäure, Flußsäure, oder auch durch Schmelzen der Proben vorzunehmen.

Bei der Mehrzahl dieser Feldmethoden wird das notwendige Erhitzen, Schmelzen und Abdampfen als ein Mangel empfunden, denn sämtliche Analysengänge, bei denen hohe Temperaturen erforderlich sind, sind im Gelände mit Schwierigkeiten verbunden. In letzter Zeit wurden Versuche angestellt, um Verfahren zu entwickeln, bei denen man nicht mehr auf Erhitzung angewiesen ist. Dabei beruft sich Verf. nochmals auf die schon erwähnte Methode nach H. Bloom.

Zum Schluß soll hervorgehoben werden, daß auch in der UdSSR nach der geochemischen Aufnahmemethode unter Anwendung der Dithizon-Bestimmungen gearbeitet wird. Sie wird besonders bei Wasserproben benutzt, da es schwierig ist, die Probe in den festen Zustand zu überführen, um sie für die Spektralanalyse vorzubereiten.

## Literatur

ALMOND, H. & H. T. MORRIS: Geochemical techniques as applied in recent investigations in the Tintic District, Utah. — Econ. Geol., 1951, vol. 46, Nr. 1, S. 608.

BLOOM, H.: A field method for the determination of ammonium citrate soluble heavy metals in soils and alluvium. – Econ. Geol., 1955, vol. 50, Nr. 5, S. 523.

BRODSKIJ, A. A.: Eine hydrochemische Methode zum Aufsuchen von Kupfer (russ.). – Wissenschaftliches Forschungsinstitut für Hydrogeologie und Ingenieurgeologie der Sowjetunion (WSEGINGEO), Ministerium für Geologie und Lagerstättenschutz. Moskau 1956.

CLARKE, L. J. & J. A. AXLEY: Molibdenum determination in soils and rocks with dithiol. – Analytical Chemistry, 1955, vol. 27, Nr. 12, S. 2000.

COOPER, J. R. & L. C. HUFF: Geological investigations and geochemical prospecting experiment at Johnson, Arizona. – Econ. Geol., 1951, vol. 46, Nr. 1, S. 731.

HUFF, L. C.: A sensitive field test for detecting heavy metals in soil and sediment. – Econ. Geol., 1951, vol. 46, Nr. 1, S. 524.

– Abnormal copper, lead and zinc content of soil near metalliferous veins. — Econ. Geol., 1952, vol. 47, S. 517.

HUNT, B. C., NORTH, A. A. & R. A. WELLS: Application of paper-chromatographie methods of analysis to geochemical prospecting. — The Analyst, vol. 80, Nr. 948, S. 161.

KOEHLER, G. F., HOSTETLER, P. B. & H. D. HOLLAND: Geochemical prospecting at cobalt, Ontario. – Econ. Geol., 1954, vol. 49, Nr. 4, S. 378.

MORRIS, H. T. & T. S. LOVERING: Supergene and hydrothermal dispersion of heavy metals in wall rocks near ore bodies, Tintic district, Utah, Econ. Geol., 1952, vol. 47, Nr. 7, S. 685–716.

SMIRNOW, S. S.: Die Oxydationszone sulfidischer Lagerstätten (poln. Übersetzung des sowjetischen Werkes). — Wydawnictwa Geologiczne. Warschau 1956.

SMIRNOW, W. I.: Geologische Grundlagen für das Aufsuchen und Erkunden von Erzlagerstätten (russ.). Gosgeoltechisdat, Moskau 1954.

SMULIKOWSKI, K.: Geochemie (polnisch). – Państwowy Instytut Geologiczny (Staatl. Geol. Institut), Prace specjalne (Spezialarbeiten), Bd. 1, Warschau 1952.

SOLOWJOW, A. T.: Die metallometrische, für Erkundungszwecke bestimmte Aufnahme (russ.). – Sowjetische Geologie, Sammelband 49, S. 119—138.

# Zur Kenntnis der hydrogeologischen Verhältnisse im Raum von Bad Düben

LOTHAR EISSMANN, Leipzig

## Einleitung

Seit vielen Jahrzehnten werden im Gebiet von Bad Düben (Abb. 1) braunkohlenzeitliche Grundwasserleiter genutzt, die gespanntes Wasser führen. In verschiedenen Brunnen läuft dieses Wasser artesisch über. Bekannt sind die „Überlaufbrunnen" gegenüber dem Rathaus, an der Nicolaikirche und am Platz der Jugend in Bad Düben. An sich steht im Raum Düben genügend Grundwasser aus den holozänen und jungpleistozänen sandig-kiesigen Ablagerungen (Muldenaue und Talsandterrasse) südlich der Stadt zur Verfügung, doch wird gegenwärtig fast ausschließlich das gespannte und nur durch tiefere Bohrbrunnen zu erschließende Wasser des Tertiärs genutzt. Das hat seine Ursache darin, daß hier eine bequeme Möglichkeit besteht, den Wasserbedarf ohne kostspielige Rohrleitungen, Pumpstationen und die damit verbundenen laufenden Wartungen zu decken. Durch diesen Umstand ist Bad Düben gegenüber anderen Gemeinden in der Wasserversorgung insofern zurückgeblieben, als es auch heute noch keine zentrale Versorgungsanlage besitzt. Die Wasserversorgung erfolgt fast ohne Ausnahme durch Einzelbrunnen, an die freilich häufig mehrere Verbraucher über Druckkesselanlagen angeschlossen sind. Von vielen Bewohnern muß das Wasser auch noch von den städtischen artesischen Brunnen in Gefäßen geholt werden.

Bei dem stark steigenden Bedarf an Trink- und Brauchwasser macht sich das Fehlen einer zentralen Wasserversorgung immer stärker bemerkbar: muß doch, soll nicht eine Überbeanspruchung der bestehenden Brunnen eintreten, für jeden hinzukommenden größeren Verbraucher praktisch ein neuer Brunnen gebohrt werden. Abgesehen von den Kosten für tiefe Brunnenbohrungen sind sie auch im Hinblick auf das Ergebnis stets mit einem gewissen Risiko verbunden. Bei Versuchs- und Brunnenbohrungen der letzten Jahre hat sich gezeigt, daß die hydrogeologischen Verhältnisse bei Bad Düben keineswegs so einheitlich sind, daß der erfolgreiche Ausgang einer Bohrung in jedem Fall mit Sicherheit vorhergesagt werden kann.

## Die geologischen Verhältnisse

Der in Frage kommende Raum nimmt das südliche Randgebiet der Dübener Heide ein, das oberflächlich im wesentlichen aus riß- bis würmglazialen Ablagerungen des Eiszeitalters besteht. Es lassen sich hier deutlich zwei geomorphologische Einheiten unterscheiden: eine vorwiegend aus Geschiebesanden, Geschiebemergel und untergeordnet aus Blockpackungen von Endmoränen der Rißeiszeit aufgebaute, stärker bewegte Hochfläche im Norden (Dübener Heide) und eine nahezu tischebene, aus Sanden und sandigen Kiesen, nach der Tiefe zu auch aus reineren Kiesen bestehende, wohl ins Warthestadium zu stellende Talsandterrasse im Süden.

Im Westen wird das Gebiet von der jungen Aue der Mulde und meist von Schottern pleistozäner Flußterrassen eingenommen.

Die Geschiebesande führen in der Regel infolge wechselnder Zusammensetzung, stark schwankender Mächtigkeit und unregelmäßiger, wasserstauender Einlagerungen (Geschiebemergel, Ton- und Schlufflagen usw.)

Abb. 1. Übersichtsskizze des Raumes Düben

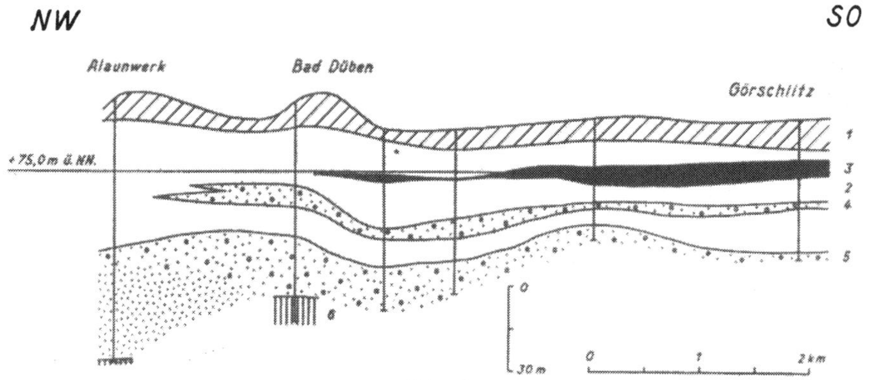


Abb. 2

Geologischer Schnitt von Görschlitz über Bad Düben zum ehemaligen Dübener Alaunwerk

1 – Ablagerungen des Pleistozäns, 2 – Feinsande, Schluffe und Tone des Tertiärs, 3 – Braunkohle, 4 – Oberer braunkohlenzeitlicher Grundwasserleiter, 5 – Unterer braunkohlenzeitlicher Grundwasserleiter, 6 — Ton

nur wenig Grundwasser. Sie bilden meist keinen einheitlichen Grundwasserleiter und kommen im allgemeinen nur für die Nutzung durch Hausbrunnen in Betracht.

Die rd. 10–20 m mächtigen reinen Sande und Kiese der Talsandterrasse südöstlich von Bad Düben stellen dagegen einen ausgezeichneten Grundwasserleiter mit einer großen natürlichen Wasserreserve und einer günstigen Wiederauffüllungsmöglichkeit dar. Dieses Grundwasser wurde bisher noch kaum beansprucht. Es wird zur Zeit aber für die Nutzung untersucht. Das gleiche gilt auch für die mächtigen Schotter der Muldenaue, deren hydrologische Untersuchung ebenfalls im Gange ist.

Im Liegenden der pleistozänen Ablagerungen folgen die Schichten der Braunkohlenzeit. Im Westteil des Blattes Düben gehören sie zweifellos zum Bitterfelder Komplex, d. h. zum Oberoligozän. Anhand geologischer Vergleiche (Höhenlage der Braunkohlenflöze, Faziesverhältnisse) sollen etwa bei Bad Düben die bei Bitterfeld und Delitzsch noch nicht entwickelten Ablagerungen der jüngeren, miozänen Lausitzer Braunkohlenformation einsetzen und die oberoligozänen Bitterfelder Schichten allmählich nach Osten zu untertauchen (QUITZOW, 1949). Entsprechend wäre dann das stellenweise mächtigere Braunkohlenflöz westlich von Düben in das Oberoligozän, östlich davon in das Miozän zu stellen (vgl. S. 426).

Am Aufbau des Tertiärs im Gebiet von Düben beteiligen sich neben den erwähnten Flözen im wesentlichen feinkörnige, glimmerführende Sande, tonige und feinsandige Schluffe sowie magere und fette, teils alaunführende Tone mit dünnen, unreinen Kohleflözchen. Die alaunhaltigen Tone, die auf den Schichtenverzeichnissen von Bohrmeistern des Dübener Gebietes häufig unter der Bezeichnung „Alaunflöz", „Alaunerz" oder „-erde" zu finden sind, sind im wesentlichen auf das Gebiet um Düben beschränkt, wo sie am rechten Muldengehänge stellenweise ausstreichen. Es handelt sich um braune, kohlehaltige Tone, die früher nordwestlich von Düben (Alaunwerk) zur Alaungewinnung abgebaut worden sind.

In die tertiären Ablagerungen sind unter dem mächtigeren Kohlenflöz dieses Gebietes stärker grundwasserführende Sand- und Kiesschichten eingelagert.

Im ganzen weist die Oberfläche des Tertiärs ein leichtes Einfallen nach Süden zu auf. Diese Lagerung ist im wesentlichen durch die Aufpressung der tertiären Schichtenfolge im Gebiet von Bad Schmiedeberg und eine stärkere Abtragung im Bereich der Talsandterrasse bedingt.

## Die hydrogeologischen Verhältnisse der tertiären Schichtenfolge

Die braunkohlenzeitlichen Grundwasserleiter mit gespanntem Wasser treten stets im Liegenden des örtlich mächtigen Kohlenflözes auf (Abb. 2). In der Regel sind sie vom Flöz durch mächtigere, abdichtende tonig-schluffige Schichten getrennt. Nur ausnahmsweise liegen sie unmittelbar darunter (Vorwerk Grünau westlich von Düben).

Bei den tertiären wasserführenden Sanden und Kiesen dieser Gegend handelt es sich um mindestens zwei Schichten (v. LINSTOW, 1911), die durch Tone und Schluffe abgedichtet sind. Da die übliche Numerierung der einzelnen Grundwasserstockwerke von oben nach unten infolge des uneinheitlichen Aufbaues der pleistozänen Schichten mit verschiedenen und wechselnden Grundwasserleitern nicht ohne weiteres möglich ist, sollen die beiden, gespanntes Grundwasser führenden Sand- und Kieshorizonte als *oberer* und *unterer* braunkohlenzeitlicher Grundwasserleiter bzw. *oberes* und *unteres* braunkohlenzeitliches Grundwasserstockwerk bezeichnet werden. Dabei sei darauf hingewiesen (vgl. S. 424), daß weiter westlich, im Raum von Delitzsch-Bitterfeld, gebietsweise auch noch ein dritter, bei rund 100 m Tiefe liegender Grundwasserleiter unter den marinen Sanden des Mitteloligozäns auftritt. Dieser bei Bad Düben bisher nicht bekannte Horizont darf mit den hier als unterer Grundwasserleiter bezeichneten Sanden und Kiesen nicht verwechselt werden.

Außer den Sanden und Kiesen mit gespanntem Grundwasser sind naturgemäß noch weitere Sandschichten zwischen Tonen und Schluffen vorhanden. Eine Unterscheidung dieser Lagen von den eigentlichen Grundwasserleitern nur anhand von Schichtenverzeichnissen ist daher schwierig. Aus diesem Grunde ist eine fehlerhafte Einstufung leicht möglich.

### a) Der obere braunkohlenzeitliche Grundwasserleiter

Die Oberfläche des oberen braunkohlenzeitlichen Grundwasserleiters wurde bisher in einer Höhe zwischen rund + 80 und + 65 m NN festgestellt, d. h., je nach Geländehöhe, in einer Tiefe von rund 30 bis 40 m. Am östlichen Ortsrand von Bad Düben liegt die durch zwei Bohrungen ermittelte Oberfläche fast genau bei + 70 m NN.

Seine Mächtigkeit schwankt zwischen 1,2 und 12 m. Am Kornaufbau sind im wesentlichen fein- bis mittelkörnige Sande beteiligt, die gelegentlich auch feinkiesig (Kiessand) entwickelt sind.

In fünf in den letzten Jahren niedergebrachten Untersuchungs- bzw. Brunnenbohrungen reichte der Wasserauftrieb bis zu einer Höhe von + 95 bis + 93 m NN. Mit freiem Überlauf ist daher bei Bad Düben aus diesem Grundwasserleiter nur noch im Bereich der Talsandterrasse zu rechnen, deren Oberfläche bei etwa + 90 m NN liegt.

Über die Ergiebigkeit der wenigen in diesem Grundwasserstockwerk stehenden Bohrbrunnen liegen keine zuverlässigen Angaben vor. Das bei einem Pumpversuch in der östlichen Ortslage von Bad Düben ermittelte Brunnenergiebigkeitsmaß soll mehr als 1 l/s/m betragen haben. Eine Verallgemeinerung dieses Ergebnisses ist mangels Vergleiche nicht möglich. Aus der geringen Nutzung dieses Grundwasserleiters ist ersichtlich, daß seine Wasserspende im Durchschnitt nicht sehr hoch liegt und unter der des unteren Stockwerkes bleibt.

**b) Der untere braunkohlenzeitliche Grundwasserleiter**

Infolge der stärkeren Nutzung ist der untere braunkohlenzeitliche Grundwasserleiter besser bekannt als der obere. Gleich diesem wird auch er im wesentlichen von mächtigeren schluffig-sandigen, gelegentlich auch fetten Tonen und tonigen Schluffen im Hangenden und Liegenden abgedichtet.

Seine Höhenlage schwankt im Maximum zwischen rund + 55 und + 40 m NN. Die meisten Bohrungen haben die Oberfläche in etwa + 45 bis + 40 m NN angetroffen. In Bad Düben liegt sie zwischen rund + 50 und + 40 m NN, d. h. in einer Tiefe von etwa 50 bis 60 m unter Geländeoberfläche. Bis auf einzelne stärkere Schwankungen in der Höhenlage erweist sich der Grundwasserleiter im ganzen als ziemlich niveaubeständig.

Seine meist zwischen rund 5 und 10 m liegende Mächtigkeit ist im Durchschnitt höher als beim oberen Grundwasserleiter. Während Mächtigkeiten unter 5 m überhaupt nicht bekannt sind, wurde in einer neueren Bohrung nordwestlich von Bad Düben eine Sandmächtigkeit von rund 40 m nachgewiesen. Davon waren aber nur die obersten 6 m etwas gröber entwickelt und stärker wasserführend. Im ganzen dürfte eine so hohe Mächtigkeit selten sein.

Am Aufbau dieses Grundwasserleiters sind alle Korngrößen vom Feinsand bis Feinkies beteiligt. Wenn auch im Hinblick auf die verhältnismäßig wenigen geologisch aufgenommenen tiefen Bohrungen eine Beurteilung abschließend noch nicht möglich ist, so scheint es, daß er vorwiegend aus groben Sanden und feinen Kiesen besteht.

Auch über den unteren Grundwasserleiter liegen hinsichtlich seiner Ergiebigkeit nur wenige Angaben vor, da erfahrungsgemäß bei Dauerpumpversuchen ohne entsprechende Aufsicht nur selten brauchbare Aufzeichnungen über die Absenkung des Wasserspiegels und die Entnahme gemacht werden. In drei neueren, nördlich von Bad Düben stehenden Bohrbrunnen wurde ein Brunnenergiebigkeitsmaß von reichlich 1 bis knapp 2 l/s/m ermittelt. Diese Werte stimmen mit der geschätzten Wasserspende anderer Brunnen, die in ihrer technischen Ausführung ähnlich sind, gut überein. Bei den alten „Überlaufbrunnen“ im Stadtgebiet liegt das Brunnenergiebigkeitsmaß unter 0,5 l/s/m.

Vielfach weisen die im unteren Grundwasserleiter stehenden Brunnen noch einen freien Überlauf auf. Die Grundwasserdruckfläche fällt deutlich nach Süden zu ein, was mit der konzentrierten Grundwasserentnahme im Stadtgebiet von Bad Düben zusammenhängt. Der unbeeinflußte Grundwasserspiegel rund 2 km nördlich von Bad Düben liegt bei rund + 102 m NN und in der inneren Stadt bei etwa + 93 bis + 92 m NN. Für die Wassererschließung bedeutet dies, daß auf der glazialen Hochfläche nördlich von Bad Düben auf weite Strecken kein freier Überlauf zu erwarten ist. Es sei in diesem Zusammenhang erwähnt, daß der Wasserdruck in den letzten Jahren spürbar nachgelassen hat. Dies hängt offensichtlich mit einer gewissen Überbeanspruchung des Grundwasserleiters zusammen. Die häufig geäußerte Annahme, daß das Nachlassen des Grundwasserdruckes auf die Wasserhaltungsmaßnahmen des Braunkohlenbergbaues in der Bitterfelder Gegend zurückzuführen sei, erscheint unbegründet, da eine stärkere Entwässerung der Liegendschichten der Braunkohle in diesem Gebiet nicht erfolgt.

Der Vollständigkeit halber sei noch erwähnt (vgl. S. 423), daß in dem westlich angrenzenden Raum, zwischen Bad Düben, Bitterfeld und Delitzsch, in rund 100 m Tiefe, unter grauen und graugrünen, feinkörnigen, tonigen Sanden des marinen Mitteloligozäns gelegentlich ein weiterer, stratigraphisch wohl im Oberen Eozän bzw. Unteren Oligozän stehender Grundwasserleiter angeschnitten wurde. Er liegt also sowohl im stratigraphischen Profil als auch höhenmäßig bedeutend tiefer und ist daher mit dem im Dübener Gebiet ausgeschiedenen unteren braunkohlenzeitlichen Grundwasserleiter nicht zu verwechseln! Sein Wasser steht ebenfalls unter erheblicher Spannung. Seine Verbreitung ist mangels tieferer Bohrungen bisher wenig bekannt; daher kann auch heute noch nicht das Herkunftsgebiet des Wassers klar ermittelt werden (Schmiedeberger Gebiet oder Süden?). Soweit aber bereits anhand der vorhandenen, wenn auch nicht immer zuverlässigen Bohrunterlagen beurteilt werden kann, dürften diese tieferen wasserführenden Schichten zwischen Bad Düben und Delitzsch kaum durchgehend verbreitet sein. So erbrachte erst eine neuere, rund 110 m tiefe Bohrung bei Delitzsch unter den marinen mitteloligozänen Meeressanden u. a. nur sehr feinkörnige Sande, die sich als nicht wasserführend erwiesen. Ob es sich dabei um eine Vertretung (Fazies) dieses Grundwasserleiters handelt, kann aus Mangel an Vergleichsbohrungen nicht gesagt werden. Aus diesem Grunde sollte der Ansatz von Bohrungen auf diesen Wasserleiter nur dort erfolgen, wo er bereits nachgewiesen ist, auch wenn es bei der zu erwartenden Grundwasserabsenkung in den bisher stark genutzten eiszeitlichen Sanden und Kiesen (Terrassen) durch den Braunkohlenbergbau naheliegt, tiefere Bohrungen zu stoßen. Zumindest sollte jeder eigentlichen Brunnenbohrung eine bei einem Mißerfolg weniger kostspielige Versuchsbohrung vorausgehen.

Im engeren Raum von Bad Düben ist dieser tiefe Grundwasserleiter bisher noch nicht festgestellt worden, obwohl auch hier rund 100 bis 110 m tiefe Bohrungen niedergebracht worden sind.

## Verbreitung und Besonderheiten der braunkohlenzeitlichen Grundwasserleiter bei Bad Düben

Die Verbreitung der oberoligozänen Sande und Kiese mit gespanntem Grundwasser, die dem hier ausgeschiedenen oberen und unteren braunkohlenzeitlichen Grundwasserleiter entsprechen, ist bereits 1911 durch v. LINSTOW beschrieben und auf einer Kartenskizze dargestellt worden. Danach soll in dem etwa durch die Ortschaften Paupitzsch, Rösa, Görschlitz, Gruna und Badrina begrenzten Gebiet „überall artesisches Wasser vorhanden sein“. Da nach den vorliegenden Untersuchungen diese Angabe so allgemein nicht richtig ist, mag auf die Verbreitung der Grundwasserleiter und auf die bei der Wassererschließung zu berücksichtigenden Besonderheiten in diesem Raum näher eingegangen werden.

Wie schon aus älteren Bohrungen bekannt war, ist der obere braunkohlenzeitliche Grundwasserleiter wenig beständig und vermutlich nur auf die engere Umgebung von Bad Düben beschränkt, wo er besonders im östlichen und nördlichen Teil der Stadt eine zusammenhängende Fläche einzunehmen scheint. Westlich der Mulde dürfte er dagegen größtenteils fehlen oder nur örtlich entwickelt sein. Es ist nicht ganz ausgeschlossen, daß er im Dübener Gebiet lokal in zwei Horizonte aufgespalten ist.

Der untere braunkohlenzeitliche Grundwasserleiter reicht weit über die Verbreitung des oberen hinaus. Er dürfte vermutlich den weitaus größten Teil des durch v. LINSTOW ausgeschiedenen Gebietes mit artesisch gespanntem Grundwasser einnehmen. Im Westen, bei Delitzsch, geht er noch darüber hinaus. Hier ist er mehrfach zwischen rund 45 und 60 m Tiefe unter der Geländeoberfläche nachgewiesen worden.

Neuere Bohrungen haben allerdings gezeigt, daß die hydrogeologischen Verhältnisse innerhalb dieses Raumes keineswegs einheitlich sind. Äußerst störend für die Wassererschließung wirkt sich vor allem der stellenweise zu beobachtende starke *Fazieswechsel* im unteren Grundwasserleiter aus. Als Beispiel sei eine Bohrung in Bad Düben erwähnt, die rund 200 m östlich eines der bekannten, rund 50 bis 60 m tiefen artesischen Brunnens niedergebracht wurde. Die Bohrung traf zwischen 30 und 40 m Tiefe zwar den oberen Grundwasserleiter an, durchsank in den tieferen Lagen aber nur schluffige Tone mit einzelnen sandigen Lagen, so daß sie bei rund 90 m Tiefe erfolglos abgebrochen werden mußte.

Wenn auch ein so starker fazieller Wechsel und Übergang von gröberen und sandigen Kiesen zu praktisch wasserundurchlässigen sandigen Tonen auf kleinem Raum selten vorkommen dürfte, ist eine ausgesprochen fein- bis mittelkörnige sandige Ausbildung des Grundwasserleiters schon mehrfach in Bohrungen angetroffen worden. Das ist besonders im Gebiet nordwestlich von Bad Düben der Fall. Abgesehen davon, daß die Ergiebigkeit eines feinkörnig entwickelten Grundwasserleiters naturgemäß gering ist, besteht für Brunnen in solchen Schichten erhebliche Versandungsgefahr, besonders dann, wenn der Wasserspiegel zu stark abgesenkt wird. Die Erfahrung lehrt, daß in dieser feinsandigen Fazies stehende Brunnen, die infolge ihrer Tiefe sehr kostspielig sind, im allgemeinen eine nur kurze Lebensdauer aufweisen.

Einen weiteren und vermutlich nicht zu unterschätzenden Unsicherheitsfaktor stellen beim Erschließen der gespannten Wässer die erst in den letzten Jahren bis in große Tiefe nachgewiesenen Erscheinungen von *Gletschererosion* sowie anderer *glazigener Störungen* dar. Ihre Ausmaße zeigt deutlich eine rund 200 m nordöstlich von Bad Düben gestoßene Brunnenbohrung, die wegen ihrer interessanten Schichtenfolge nachstehend zusammengefaßt wiedergegeben wird:

| | |
|---|---|
| 0,0 – 3,3 m | Ton, grau, sandig-schluffig |
| – 9,2 m | Kiessand, bräunlich (Geschiebesand) |
| –24,0 m | Geschiebemergel, grau, stark schluffig bis feinsandig, zuoberst kalkfrei |
| –66,0 m | Feinsande und Schluffe in Wechsellagerung, grau, z. T. tonig, Schluffe häufig fein gebändert, meist schwach kalkhaltig (Mergelsande und -schluffe) |
| –69,3 m | Geschiebemergel, dunkelgraubraun (Feuersteine u. a.) |
| –70,0 m | Ton, grünlichgrau, schluffig-feinsandig |
| –72,0 m | Schluff, grau, fein gebändert, schwach kalkhaltig |
| –84,0 m | Sand, bräunlich, fein bis mittel, festliegend |
| –85,4 m | Kohleton |
| –85,5 m | Sand, bräunlich fein bis mittel |

Eine einwandfreie stratigraphische Deutung der einzelnen Schichten dieser Bohrung ist beim Fehlen eines ausreichenden und zuverlässigen Vergleichsmaterials aus benachbarten Bohrlöchern in ungestörter Schichtenfolge schwierig. Der zuoberst angetroffene Ton gehört ohne Zweifel zum Tertiär, wozu auch die Schichten ab 72,0 m Tiefe zu stellen sind. Ob es sich dabei allerdings im einzelnen um oberoligozäne oder vielleicht zum Teil auch um marine mitteloligozäne Bildungen handelt, muß vorläufig dahingestellt bleiben, zumal tierische Reste und die für die mitteloligozänen Meeresablagerungen charakteristischen Glaukonitkörnchen nicht festgestellt werden konnten. Bei dem Kohleton und dem darunter folgenden Sand könnte es sich evtl. um noch ältere tertiäre Schichten handeln (Unteroligozän bzw. Obereozän). Die mächtigen, häufig fein gebänderten und schwach kalkhaltigen Schluffe und Sande stellen mit Sicherheit eiszeitliche Staubeckenbildungen dar, die auf Blatt Düben bisher nicht beobachtet worden sind und auch auf den benachbarten geologischen Blättern in dieser Stärke nach den derzeitigen Erkenntnissen nicht auftreten. Derartige mächtige Staubeckenbildungen sind neuerdings auch in zwei Bohrungen rund 2 km nördlich von Bad Düben durchteuft worden. Die Mächtigkeit lag zwischen etwa 40 und 50 m. Vermutlich stehen die Bohrungen in einem bisher unbekannten, zusammenhängenden größeren Becken, wie sie z. B. aus der Gegend von Finsterwalde – Doberlug bekannt sind.

Unabhängig von der speziellen geologischen Deutung der einzelnen Schichten besteht kein Zweifel darüber, daß die beschriebene, über 80 m tiefe Bohrung in einer bis rund 70 m Tiefe reichenden, durch Gletschererosion, vielleicht auch durch Ausstrudelung und Schuppung entstandenen Störungszone steht, in deren Bereich der zwischen rund 50 und 65 m Tiefe unter Geländeoberfläche zu erwartende Grundwasserleiter restlos zerstört worden ist. Zum Vergleich sei erwähnt, daß die Oberfläche des Tertiärs in nur wenige hundert Meter entfernt stehenden Bohrungen in rund 5 bis 20 m Tiefe liegt.

In einer anderen, rund 2 km nördlich von Bad Düben gestoßenen Brunnenbohrung, die etwa 45 m der erwähnten gebänderten Staubeckenbildungen durchteufte, reichen die pleistozänen Ablagerungen unmittelbar bis an das Dach des unteren braunkohlenzeitlichen Grundwasserleiters, d. h. bis in rund 60 m Tiefe. Hier sind nur die braunkohlenzeitlichen Hangendschichten, Schluffe, Feinsande und Tone, vielleicht auch noch ein Teil des Grundwasserleiters, dem Eis zum Opfer gefallen.

Eine kartenmäßige Festlegung der faziell für eine Wassererschließung wenig geeigneten Räume oder der durch glazigene Störungen stärker betroffenen Gebiete ist anhand der bisher gestoßenen Bohrungen noch nicht möglich. Es dürfte aber feststehen, daß die mit dem Eis zusammenhängenden Störungen des tieferen Untergrundes im wesentlichen auf die pleistozäne Hochfläche nördlich und nordöstlich von Bad Düben beschränkt sind (Gebiet von Eisrandlagen).

Durch seine auf größere Erstreckung nachgewiesene Niveaubeständigkeit kommt dem unteren der beiden braunkohlenzeitlichen Grundwasserleiter auch *stratigraphisch* eine gewisse Bedeutung zu.

Nach QUITZOW (1949) soll das an einzelnen Stellen mächtigere Flöz westlich von Bad Düben zum oberoligozänen Bitterfelder Komplex, das höher gelegene, örtlich stärkere Flöz östlich davon aber bereits zur jüngeren, miozänen Flözgruppe der Lausitz gehören. Als entscheidend wird neben der unterschiedlichen Höhenlage beider Flöze die östlich von Düben stehende „Bohrung Düben Nr. 5b/49" angeführt, die unter einem fast 10 m mächtigen Flöz, sandigen Tonen und Sanden eine Serie von 18 m hellen Tonen mit einem dünnen Braunkohlenflöz durchteuft hat. Die Bohrung, die vermutlich wegen Wasserauftriebes vorzeitig eingestellt werden mußte, endet in Sanden, die anhand anderer östlich von Düben stehender, in der Schichtenfolge gut übereinstimmender Bohrlöcher eindeutig als unterer braunkohlenzeitlicher Grundwasserleiter zu erkennen sind. Bei den 18 m mächtigen hellen Tonen handelt es sich nach QUITZOW um die bekannten Hangendtone des Bitterfelder Hauptflözes, das die Bohrung nicht mehr erreicht hat. Demnach wäre das im Hangenden durchteufte Flöz in die miozäne Lausitzer Flözgruppe zu stellen.

Folgt man der Annahme QUITZOWs, so bedeutet das, daß der von Görschlitz (östlich von Düben) bis auf das Blatt Delitzsch in relativ wenig schwankender Höhenlage (bezogen auf NN) zu verfolgende untere braunkohlenzeitliche Grundwasserleiter westlich von Düben unter den oberoligozänen, östlich dagegen zwischen dem miozänen und dem unter den angenommenen „Hangendtonen" zu erwartenden oberoligozänen Bitterfelder Flöz auftritt. Das dürfte kaum zutreffen. Bei der Niveaubeständigkeit und großen Ausdehnung dieses Grundwasserleiters, die einen gewissen Leitwert bedeuten, scheint daher ein einheitliches oberoligozänes Alter der beiden mächtigeren Flöze östlich und westlich von Düben wahrscheinlich. Eine Entscheidung über die Richtigkeit dieser ebenfalls nur auf rein geologischen Überlegungen beruhenden Annahme kann naturgemäß nur mit Hilfe weiterer Untersuchungsbohrungen und sporenkundlicher Prüfungen herbeigeführt werden.

## Beschaffenheit des Grundwassers

Hinsichtlich der chemischen Beschaffenheit des Grundwassers sind zwischen beiden braunkohlenzeitlichen Grundwasserleitern keine Unterschiede festzustellen.

Wie die Auswertung zahlreicher chemischer Analysen gezeigt hat, ist das Wasser mit rund 4 bis 6° DH im allgemeinen weich. Es handelt sich dabei im wesentlichen um die Karbonathärte. Eine Beeinflussung des Wassers durch die alaunführenden Tone, die bei einer Brunnenbohrung im Hangenden des oberen Grundwasserleiters nachgewiesen worden sind, scheint nicht vorzuliegen.

Stärkere, aber durchaus nicht ungewöhnliche Schwankungen weist der Eisengehalt des Wassers in den einzelnen Brunnen auf. Die ermittelten Werte liegen zwischen 0,2 und 4 mg/l, im Durchschnitt bei rund 1,5 bis 2 mg/l. Gelegentlich soll der Eisengehalt auch noch höher als 4 mg/l sein. Das Wasser ist also im ganzen recht eisenreich und muß daher zum Teil aufbereitet werden. Nachteilig wirkt sich auch der mit durchschnittlich 10 bis 15 mg/l ermittelte Gehalt an aggressiver Kohlensäure aus. Der $KMnO_4$-Verbrauch schwankt zwischen rund 4 und 8 mg/l und der Cl-Gehalt liegt zwischen 5 und 20 mg/l. Die im Wasser enthaltene Menge an Mangan ist im Durchschnitt kleiner als 0,1 mg/l.

Die in drei im unteren Grundwasserleiter stehenden Brunnen ermittelten Wassertemperaturen liegen zwischen 11 und 12° C.

## Zusammenfassung und Schlußfolgerungen

Nach einer Darstellung des gegenwärtigen Standes der Wasserversorgung im Gebiet von Bad Düben und ihrer Probleme werden kurz die geologischen Verhältnisse dieses Raumes wiedergegeben. Dann werden anhand von Bohrunterlagen Angaben über Höhenlage, Mächtigkeit und Ausbildung der Grundwasserleiter sowie über das Brunnenergiebigkeitsmaß von einigen Brunnen gemacht. Eingehender werden die Verbreitung der Grundwasserleiter besprochen und die für die Wassererschließung wichtigen Daten (starker Fazieswechsel, glazigene Störungen) behandelt. Dabei werden gleichzeitig einige neue Erkenntnisse über eiszeitliche Ablagerungen im Gebiet von Bad Düben (Nachweis mächtiger Staubeckenbildungen) mitgeteilt. Außerdem wird auf die stratigraphische Bedeutung des unteren braunkohlenzeitlichen Grundwasserleiters hingewiesen.

Anschließend wird auf den Chemismus des Wassers eingegangen.

Für die Wassererschließung im Gebiet von Bad Düben ergibt sich unter Berücksichtigung der dargestellten, zum Teil recht komplizierten hydrogeologischen Verhältnisse, daß künftig tiefere Brunnenbohrungen in bisher wenig erschlossenen Gebieten nur noch bei dringender Notwendigkeit gestoßen werden sollten. Stets sollte eine Versuchsbohrung vorausgehen, die einen Aufschluß über die Untergrundverhältnisse im einzelnen gibt. Das gleiche gilt auch für den Delitzscher Raum, insbesondere bei der Erschließung des unter den mitteloligozänen Meeressanden liegenden Grundwasserleiters. Der durch eine Versuchsbohrung entstehende höhere Kostenaufwand ist unter Berücksichtigung des möglichen Mißerfolges einer teueren, tiefen Brunnenbohrung in jedem Falle gerechtfertigt, zumal in diesen Gebieten ein Erfolg von vornherein nicht garantiert werden kann.

Die Wasserversorgung im Gebiet von Bad Düben kann endgültig nur durch die Nutzung der wasserreichen holozänen und jungpleistozänen Sande und Kiese im Rahmen einer Zentralwasserversorgung wirtschaftlich gelöst werden.

## Literatur

v. LINSTOW, O.: Die Tertiärbildungen auf dem Gräfenhainichen-Schmiedeberger Plateau (Dübener Heide z. T.). – Jb. Kgl. Pr. Geol. L.-A. f. 1908.

– Die geologischen Bedingungen der Grundwasserverhältnisse in der Gegend zwischen Bitterfeld und Bad Schmiedeberg (Sa.). – Jb. Kgl. Pr. Geol. L.-A. f. 1911, Bd. XXXII, T. II, Berlin 1914.

– Blätter Söllichau (Berlin 1914), Schmiedeberg (1920), Düben (1922), Delitzsch (1922) im M. 1:25000 der Geologischen Karte von Preußen u. benachb. Bundesstaaten mit Erläuterungen.

PICARD, E.: Blatt Delitzsch der Geol. Karte v. Pr. usw. im M. 1:25000 mit Erläuterung, II. Auflage, Berlin 1937.

QUITZOW, H. W.: Die küstennahe und festländische Entwicklung des mittel- und Oberoligozäns im östlichen Mitteldeutschland. – Abh. Geol. L.-A. Berlin, N. F., H. 211, Berlin 1949.

# Zur Zweiten Durchführungsbestimmung über die Rekultivierung von Braunkohlentagebauen

WERNER WEISBROD, Berlin

Die ununterbrochen wachsende Produktion der Braunkohlentagebaue der Deutschen Demokratischen Republik hat einen ständig steigenden Entzug land- und forstwirtschaftlich genutzter Flächen durch den Bergbau zur Folge. Der Entzug dieser Flächen hat Ausmaße angenommen, die volkswirtschaftliche Probleme gegenüber betrieblichen Fragen in den Vordergrund rücken.

Nach KNABE konzentrieren sich in bestimmten Gebieten 300000 bis 560000 ha, also 2,8 bis 5,2% der Gesamtfläche der DDR, die voraussichtlich noch vom Bergbau erfaßt und ausgekohlt werden. Diese Flächen, die für die Bedarfsdeckung der Bevölkerung und Industrie (Erzeugung von Nahrungsmitteln und Holz) zunächst einmal ausfallen, müssen nach der Auskohlung ihrem ursprünglichen Zweck wieder zugeführt werden. Das ist aber nur möglich, wenn die dazu notwendigen Maßnahmen gesetzlich geregelt sind.

Frühere gesetzliche Bestimmungen[1]) haben sich als unzureichend und unzweckmäßig erwiesen. Die Regierung der DDR hat daher die Verordnung vom 6. 12. 1951[2]) erlassen, die ergänzt wurde durch die Durchführungsbestimmung vom 10. 5. 1952[3]). Nunmehr ist — unter gleichzeitiger Aufhebung dieser Durchführungsbestimmung — im Gesetzblatt Nr. 16 vom 8. März 1958 die Zweite Durchführungsbestimmung veröffentlicht worden, die wir hier auf S. 428 u. 429 wiedergeben.

Im folgenden soll nun auf diese Durchführungsbestimmung insoweit eingegangen werden, als sie die Aufgaben der Staatlichen Geologischen Kommission bei der Rekultivierung der Braunkohlentagebaue berührt.

Nach § 1 (1) haben die Bergbaubetriebe bei „der Wiedernutzbarmachung der in Anspruch genommenen Grundstücke alle Maßnahmen zu treffen, die im Interesse der Landeskultur und der Landschaftsgestaltung notwendig, nach neuester Technik möglich und volkswirtschaftlich vertretbar sind".

Fragen der Landeskultur und Landschaftsgestaltung gehören aber nicht unmittelbar zu den zentralen Aufgaben des Bergbaus. Ihm kann daher eine Beurteilung dieser Fragen auch nicht ohne weiteres zugemutet werden. Der Bergbau kann aber wegen seiner Verpflichtungen aus § 1 (1) verlangen, daß solche Fragen in den von ihm angeforderten Gutachten (§ 3) eingehend erörtert werden und eine begründete Darstellung erfahren, damit die Belange der Landeskultur und der Landschaftsgestaltung bei der technischen Durchführung der Rekultivierungsmaßnahmen hinreichend berücksichtigt werden können. Für die jeweiligen Objekte sind daher in den vom Bergbau angeforderten Gutachten im Hinblick auf die Landeskultur und Landschaftsgestaltung konkrete und detaillierte Vorschläge zu unterbreiten, die den örtlichen Verhältnissen und den technischen Gegebenheiten der einzelnen Betriebe Rechnung tragen.

[1]) Reichswirtschaftsministerialblatt 1939, S. 617 und 1940, S. 318.

[2]) Verordnung über die Wiedernutzbarmachung der für Abbau- und Kippenzwecke des Bergbaus in Anspruch genommenen Grundstücksflächen vom 6. 12. 51, GBL. Nr. 146 vom 15. 12. 51.

[3]) Durchführungsbestimmung zur Verordnung über die Wiedernutzbarmachung der für Abbau- und Kippenzwecke des Bergbaus in Anspruch genommenen Grundstücksflächen vom 10. 5. 1952, GBL. Nr. 61 vom 20. 5. 1952.

Land- und forstwirtschaftliche Fragen sind dabei insoweit zu erörtern, als sie zur *Begründung* der vorgeschlagenen Rekultivierungsmaßnahmen, die ausschließlich Aufgabe des Bergbaus sind (WEISBROD, 1957 b, c), dienen können.

In unmittelbarem Zusammenhang stehen die beiden Bedingungen, daß die Maßnahmen „nach neuester Technik möglich und volkswirtschaftlich vertretbar" seien müssen.

Demnach kann in den Vorschlägen der Gutachten die „neueste Technik" unterstellt werden, auch dann, wenn ein Betrieb zur Zeit nicht über eine entsprechende Ausrüstung verfügen sollte (WEISBROD 1957 c). Wenn also die Vorschläge der Gutachten als zweckmäßig anerkannt werden, ist es Aufgabe der Betriebe, für eine entsprechende Ausrüstung (z. B. Geräte für einen Vorschnitt) zur Durchführung dieser Maßnahmen Sorge zu tragen. Die Forderung, daß die Maßnahmen „nach neuester Technik möglich" sein müssen, ist auch deshalb von Bedeutung, weil die Höhe der Investitionen und damit ihr volkswirtschaftlich vertretbares Maß weitgehend von der *angewandten* Technik abhängen. Aus volkswirtschaftlichen Gründen ist daher bei der *Kalkulation* des Aufwandes eine der allgemeinen technischen Entwicklung entsprechende Ausrüstung der Betriebe zugrunde zu legen. Damit aber die Vorschläge der Gutachten realisierbar sind, müssen sie auch „volkswirtschaftlich vertretbar" sein, d. h., die Investitionen des Bergbaus, die sich aus der Verwirklichung der Vorschläge der Gutachten ergeben, werden in ihrer Höhe in erster Linie durch volkswirtschaftliche (nicht betriebliche) Erwägungen bestimmt. Ein Vorschlag zur Ermittlung volkswirtschaftlich vertretbarer Aufwendungen bei der Rekultivierung von Braunkohlentagebauen in Abhängigkeit von der Bodenqualität wurde in dieser Zeitschrift zur Diskussion gestellt (WEISBROD 1957 c). Da aber bei den einzelnen Bergbaubetrieben nur die Ansatzpunkte der Rekultivierung liegen, die Rekultivierung selbst aber volkswirtschaftlich als *eine* große zusammenhängende Aufgabe anzusehen ist, so können die in dem Vorschlag aufgeführten B-Werte der niedrigen Gruppe (Wertzahl 1—15) in Einzelfällen überschritten werden, weil in der Mehrzahl der Fälle die Aufwendungen unter den B-Werten liegen. Die B-Werte geben einen Anhalt für das volkswirtschaftlich vertretbare Maß der Investitionen für einen Zeitraum von 100 Jahren, also für die volkswirtschaftliche Rentabilität der Rekultivierung. Aus den oben angeführten Gründen darf aber die Rekultivierung in dem einen oder anderen Betrieb nicht vernachlässigt werden mit der Begründung, daß die Investitionen höher liegen als die B-Werte. Darauf wurde schon (a. a. O. 1957 c, S. 401 und 404) nachdrücklich hingewiesen. Außerdem würde eine solche Auffassung der Verordnung vom 6. 12. 1951 § 1 und § 4 (2) widersprechen.

Da nach § 1 (2) die für die Wiedernutzbarmachung erforderlichen Investitionsmittel und Betriebskosten in den Investitionsplänen und Betriebsplänen gesondert auszuweisen und abzurechnen sind, sollten auch aus

## Zweite Durchführungsbestimmung zur Verordnung über die Wiedernutzbarmachung der für Abbau- und Kippenzwecke des Bergbaues in Anspruch genommenen Grundstücksflächen

Vom 8. Februar 1958

Auf Grund des § 9 der Verordnung vom 6. Dezember 1951 über die Wiedernutzbarmachung der für Abbau- und Kippenzwecke des Bergbaus in Anspruch genommenen Grundstücksflächen (GBl. S. 1133) wird im Einvernehmen mit dem Minister für Land- und Forstwirtschaft und den Leitern der anderen zuständigen zentralen Organe der staatlichen Verwaltung folgendes bestimmt:

Zu § 1 der Verordnung

§ 1

**Allgemeine Maßnahmen**

(1) Der Abbautreibende — im folgenden Bergbaubetrieb genannt — hat zur Gewährleistung der Wiedernutzbarmachung der in Anspruch genommenen Grundstücke alle Maßnahmen zu treffen, die im Interesse der Landeskultur und Landschaftsgestaltung notwendig, nach neuester Technik möglich und volkswirtschaftlich vertretbar sind.

(2) Die für die Wiedernutzbarmachung erforderlichen Investitionsmittel und Betriebskosten sind in den Investitionsplänen und Betriebsplänen gesondert auszuweisen und abzurechnen. Diese Mittel und die davon beschafften Einrichtungen dürfen nur zweckgebunden verwendet werden.

§ 2

**Projektierung der Wiedernutzbarmachung**

(1) Die Projektierungs- und Konstruktionsbüros haben bei allen Projektarten, die den Abbau von Lagerstätten unter Zerstörung der Tagesoberfläche zum Gegenstand haben, in einem Sonderabschnitt des Projektes die Wiedernutzbarmachung in technologischer und wirtschaftlicher Hinsicht zu behandeln.

(2) Der Sonderabschnitt des Projektes ist während der Ausarbeitung mit dem Rat des Bezirkes abzustimmen.

(3) Nach der Bestätigung des Projektes ist von dem zuständigen staatlichen Organ eine Ausfertigung des Sonderabschnittes dem Rat des Bezirkes zu übergeben.

Zu § 2 der Verordnung

§ 3

**Gutachten der Staatlichen Geologischen Kommission**

(1) Die Staatliche Geologische Kommission hat zur Sicherung des ordnungsgemäßen Aushaltens der kulturfähigen Abraumschichten für sämtliche Tagebaue festzustellen, welche Abraumschichten auf der Gewinnungsseite als kulturwürdig für land- oder forstwirtschaftliche Nutzung oder als vegetationsfeindlich anzusehen sind. Sie hat ferner zu beurteilen, wie auf der Kippenseite die für eine Nutzung hergestellten Flächen *bodenkundlich zu bewerten sind.*

(2) Für die von der Staatlichen Geologischen Kommission durchzuführenden Arbeiten haben die zuständigen staatlichen Organe im Einvernehmen mit dem Ministerium für Land- und Forstwirtschaft bis zum 30. Juni eines jeden Jahres einen Arbeitsplan für die folgenden zwölf Monate aufzustellen und der Staatlichen Geologischen Kommission zu übergeben.

(3) Die Projektierungs- und Konstruktionsbüros und die Bergbaubetriebe haben bei der Ausarbeitung der Projekte und der Betriebspläne die Gutachten der Staatlichen Geologischen Kommission zu berücksichtigen.

Zu § 2 Abs. 1 und § 3 der Verordnung

§ 4

**Braunkohlentagebau und Hochabsetzerkippen**

(1) Bei neu in Betrieb zu nehmenden Braunkohlentagebauen, die mit Förderbrücken oder Strossenbändern ausgerüstet werden, ist der Abbau so einzurichten, daß nach Beendigung eine kulturwürdige Oberfläche zurückbleibt. Bei bestehenden Förderbrückentagebauen müssen spätestens ab 1. Januar 1959 kulturwürdige Flächen fortlaufend geschaffen werden. Die Bestimmung des § 5 Buchst. c der Verordnung ist besonders zu beachten.

(2) Die Anlegung von Hochabsetzerkippen, mit denen ein oberer Geländeabschluß geschaffen werden soll, bedarf der Genehmigung der Technischen Bergbauinspektion der Republik. Diese Genehmigung darf nicht verweigert werden, wenn nach der Einebnung dieser Kippen kulturwürdige Böden in der oberen 1 m mächtigen Bodenschicht gewährleistet sind und ein Wirtschaftlichkeitsnachweis darüber erbracht wird, daß die Einebnung zweckmäßiger ist als das Überziehen mit einer Pflugkippe.

Zu § 3 Abs. 2 der Verordnung

§ 5

**Zulassung von Aufhaldungen**

Die Zulassung von Aufhaldungen gemäß § 3 Abs. 2 der Verordnung erfolgt durch die Technische Bezirks-Bergbauinspektion nach vorheriger Abstimmung mit dem Rat des Kreises, Abt. Land- und Forstwirtschaft.

Zu § 4 Abs. 1 der Verordnung

§ 6

**Tagebaurestlöcher**

Die Bergbaubetriebe haben bei den Tagebaurestlöchern, die für Industriezwecke nicht mehr benötigt werden, ihnen zumutbare Maßnahmen zu treffen, die eine spätere volkswirtschaftliche Nutzung ermöglichen. Die Bergbaubetriebe haben den Verwendungszweck möglichst frühzeitig mit den Räten der Bezirke und den VEB (Z) Wasserwirtschaft abzustimmen.

Zu § 5 der Verordnung

§ 7

**Gewährleistung der landwirtschaftlichen Nutzung**

(1) Die Bergbaubetriebe haben notwendig werdende Regelungen der Vorflut auf den Kippen im Zuge der Wiedernutzbarmachung nach Abstimmung mit den zuständigen Organen der Wasserwirtschaft so auszuführen, daß die spätere Bewirtschaftung infolge mangelnder Vorflut nicht behindert wird.

(2) Die Binnenentwässerung und Bewässerung der Kippenflächen zur land- und forstwirtschaftlichen Nutzung ist Aufgabe der Bewirtschafter.

(3) Die Bergbaubetriebe haben eine vorläufige Hauptzufahrt in dem Umfang zu bauen, der die spätere Bewirtschaftung der Kippenflächen ermöglicht.

Zu § 7 der Verordnung

§ 8

**Betriebspläne**

(1) Um die Ausübung der den Technischen Bezirks-Bergbauinspektionen obliegenden Überwachungspflicht zu ermöglichen, haben die Bergbaubetriebe bis zum 30. Juni eines jeden Jahres für jeden Abbaubetrieb einen Betriebsplan über die gemäß §§ 1 bis 6 der Verordnung im folgenden Jahr durchzuführenden Maßnahmen an die zuständige Technische Bezirks-Bergbauinspektion zu übergeben.

(2) Die Technischen Bezirks-Bergbauinspektionen sind berechtigt, die eingereichten Betriebspläne durch Erteilung von Auflagen und durch Festsetzung zusätzlicher Bedingungen zu ergänzen.

(3) Die Technischen Bezirks-Bergbauinspektionen haben die ihnen gemäß Abs. 1 übergebenen Betriebspläne binnen einer Woche dem zuständigen Rat des Kreises, Abt. Land- und Forstwirtschaft, zur Stellungnahme zuzuleiten. Die Stellungnahme des Rates des Kreises erfolgt im Einvernehmen mit dem Rat des Bezirkes und wird den Technischen Bezirks-Bergbauinspektionen jeweils bis zum 31. Juli übermittelt.

§ 9

**Anträge des Rates des Kreises**

(1) Hält der Rat des Kreises die in einem Betriebsplan zur Durchführung vorgesehenen Maßnahmen nicht für ausreichend, so kann bei der Technischen Bezirks-Bergbauinspektion beantragt werden, den Betriebsplan durch Erteilung von Auflagen oder durch Festsetzung zusätzlicher Bedingungen zu ergänzen.

(2) Hält die Technische Bezirks-Bergbauinspektion unter Berücksichtigung aller Umstände den Antrag für unbegründet, so hat sie ein Sachverständigengutachten einzuholen, das von einem Vertreter der land- und forstwirtschaftlichen Interessen und einem Vertreter der bergbaulichen Interessen gemeinsam zu erstatten und für ihre Entscheidung verbindlich ist.

§ 10

**Entscheidung der Technischen Bezirks-Bergbauinspektionen**

(1) Die Technischen Bezirks-Bergbauinspektionen haben bei ihren Entscheidungen gemäß §§ 5, 8, und 9 Auflagen anderer staatlicher Organe, die auf Grund der geltenden gesetzlichen Bestimmungen erteilt werden, zu berücksichtigen. Sie haben die Entscheidungen dem Bergbaubetrieb und dem Rat des Kreises mit Begründung zuzustellen.

(2) Die Technischen Bezirks-Bergbauinspektionen haben die in Abs. 1 genannten Entscheidungen dem dem Bergbaubetrieb übergeordneten staatlichen Organ und der Technischen Bergbauinspektion der Republik mitzuteilen.

§ 11

**Beschwerde gegen die Entscheidungen der Technischen Bezirks-Bergbauinspektionen**

Gegen die Entscheidungen der Technischen Bezirks-Bergbauinspektionen kann von dem Bergbaubetrieb und dem Rat des Kreises bei der Technischen Bergbauinspektion der Republik gemäß § 12 der Verordnung vom 8. Juli 1954 über die Technischen Bergbauinspektionen (GBl. S. 613) Beschwerde eingelegt werden. Die Entscheidung des Ministers für Kohle und Energie gemäß § 12 Abs. 4 der Verordnung vom 8. Juli 1954 ergeht im Einvernehmen mit dem Minister für Land- und Forstwirtschaft.

§ 12

**Erhebung über die Wiedernutzbarmachung**

(1) Die Technischen Bezirks-Bergbauinspektionen haben in ihren Zuständigkeitsbereichen jährlich nach dem Stand vom 31. Dezember Erhebungen über den Umfang der eingezogenen und der wieder nutzbar gemachten Grundstücksflächen anzustellen und das Ergebnis der Erhebungen bis zum 15. Februar des folgenden Jahres der Technischen Bergbauinspektion der Republik mitzuteilen.

(2) Die Bergbaubetriebe sind zur Auskunfterteilung verpflichtet.

§ 13

**Beendigung der Wiedernutzbarmachung**

(1) Das Ministerium für Land- und Forstwirtschaft hat nach Abschluß der bergbaulichen Arbeiten für die zweckmäßige Nutzung der wieder nutzbar gemachten Grundstücke zu sorgen.

(2) Die Revierleitungen des Braunkohlenbergbaues haben den Räten der Bezirke, Abt. Land- und Forstwirtschaft, bis zum 31. Mai eines jeden Jahres die Grundstücke bekanntzugeben, die im folgenden Jahr von den Bergbaubetrieben zur Nutzung freigegeben werden. Die Räte der Bezirke, Abt. Land- und Forstwirtschaft, arbeiten im Einvernehmen mit den Räten der Kreise, Abt. Land- und Forstwirtschaft, für die Grundstücke, die vom Bergbau zurückgegeben werden, bis zum 31. Dezember eines jeden Jahres einen Nutzungsplan auf der Grundlage der Gutachten der Staatlichen Geologischen Kommission aus.

(3) Die Räte der Bezirke, Abt. Land- und Forstwirtschaft, schlagen im Einvernehmen mit den Räten der Kreise, Abt. Land- und Forstwirtschaft, an dem Termin der Fertigstellung der Nutzungspläne vor, wer die von den Bergbaubetrieben zurückzugebenden Grundstücke in Rechtsträgerschaft oder Bewirtschaftung übernimmt. Sie teilen ihre Vorschläge dem bisherigen Rechtsträger und dem künftigen Bewirtschafter mit. Lehnt der von dem Rat des Bezirkes, Abt. Land- und Forstwirtschaft, benannte künftige Bewirtschafter die Übernahme des Grundstückes in Rechtsträgerschaft ab, ist ein Rechtsträgerwechsel auf Weisung gemäß § 14 der Anordnung vom 21. August 1956 über das Verfahren bei Veränderungen in der Rechtsträgerschaft an volkseigenen Grundstücken (GBl. I S. 702) durchzuführen, wobei die Weisung von den Kommissionen gemäß § 13 der Anordnung zu erteilen ist. Mit dem Rechtsträgerwechsel enden die Verpflichtungen der Bergbaubetriebe hinsichtlich der Wiedernutzbarmachung der Grundstücksflächen.

(4) Die künftigen Bewirtschafter sind durch die Räte der Bezirke, Abt. Land- und Forstwirtschaft, zu verpflichten, die Nutzung der Grundstücke nach dem gemäß Abs. 2 aufgestellten Nutzungsplan durchzuführen.

(5) Die Räte der Bezirke, Abt. Land- und Forstwirtschaft, haben die Durchführung der Nutzungspläne sicherzustellen, die Aufstellung von Bewirtschaftungsplänen zu veranlassen und die Nutzungsberechtigten durch Bereitstellung von Saatgut, Düngemitteln u. a. zu unterstützen.

§ 14

**Hinzuziehung wissenschaftlicher Institute**

Die Räte der Bezirke und Kreise, Abt. Land- und Forstwirtschaft, haben bei den ihnen obliegenden Aufgaben die mit den Fragen der Rekultivierung befaßten wissenschaftlichen Institute beratend hinzuzuziehen.

§ 15

**Prämien- und Wettbewerbsordnungen**

Zwecks Verbesserung der Wiedernutzbarmachung in Umfang und Qualität haben die zuständigen Organe Prämien- und Wettbewerbsordnungen für die Wiedernutzbarmachung auszuarbeiten. Die dafür notwendigen Mittel sind von ihnen bereitzustellen.

§ 16

**Schlußbestimmungen**

(1) Diese Durchführungsbestimmung tritt mit ihrer Verkündung in Kraft.

(2) Gleichzeitig tritt die Durchführungsbestimmung vom 10. Mai 1952 zur Verordnung über die Wiedernutzbarmachung der für Abbau- und Kippenzwecke des Bergbaus in Anspruch genommenen Grundstücksflächen (GBl. S. 369) außer Kraft.

Berlin, den 8. Februar 1958

Der Minister für Kohle und Energie
Goschütz

---

diesem Grunde in den Gutachten die *volkswirtschaftlich vertretbaren* Investitionen des Bergbaus Berücksichtigung finden (KOPP 1957 a, b, WEISBROD 1957 c, d).

§ 3 hebt mit der Überschrift „Gutachten der Staatlichen Geologischen Kommission" die Aufgaben dieser Dienststelle bei der Rekultivierung der Braunkohlentagebaue als Ganzes heraus, während in § 3 (1) diese Aufgaben in zwei Gruppen eingeteilt und im einzelnen näher erläutert werden.

Um das Ziel der Wiedernutzbarmachung — das ordnungsgemäße Aushalten der kulturwürdigen Abraumschichten — erreichen zu können, hat die Staatliche Geologische Kommission für sämtliche Tagebaue

1. festzustellen, welche Abraumschichten auf der Gewinnungsseite als kulturwürdig für land- oder forstwirtschaftliche Nutzung oder als vegetationsfeindlich anzusehen sind,

2. zu beurteilen, wie auf der Kippenseite die für eine Nutzung hergestellten Flächen bodenkundlich zu bewerten sind.

Demnach ist in den Gutachten nicht nur festzustellen, ob die Abraumschichten kulturwürdig sind oder nicht, sondern es sind differenzierte Angaben zu machen, ob land- *oder* forstwirtschaftliche Nutzung möglich ist *oder* vegetationsfeindliche Bedingungen vorliegen. Weil aber von einer Nutzungsart zur andern vielerlei Übergänge bestehen können und *innerhalb* der land- oder forstwirtschaftlichen Nutzung sehr unterschiedliche Voraussetzungen möglich sind, z. B. Roggen—Kartoffelböden, Weizen — Zuckerrübenböden, unterschiedliche forstliche Standorte, so sind — auch mit Rücksicht auf die Höhe der Investitionen — eingehende und vielseitige Untersuchungen anzustellen, um aus ihrem Ergebnis *differenzierte und begründete* Aussagen ableiten zu können. Solche umfassenden Untersuchungen, die sich gegenseitig stützen und ergänzen sollen, erstrecken sich auf

die geologischen Verhältnisse,
die klimatischen Bedingungen,
die örtlichen Verhältnisse (z. B. Grundwasser, Erosion, Lage),

die Bodenverhältnisse (z. B. chemische, physikalische, mineralogische Eigenschaften) und
ihre flächenmäßige Ausdehnung (Kartierung) (WEISBROD 1955a).

Gleiche Untersuchungen sind auch auf den Kippenböden anzustellen, wobei hier nach dem Prinzip der wirtschaftlichen Rechnungsführung Aufwand und Ergebnis der Rekultivierung im volkswirtschaftlichen Sinne gegenüberzustellen, also Bewertungen durchzuführen sind (KOPP 1957a, b; WEISBROD 1957c, d). Die Gutachten sind daher mit Argumenten auszustatten, die ein möglichst revisionssicher begründetes Urteil zulassen über die jeweiligen Möglichkeiten der Wiedernutzbarmachung und ihrem Ergebnis, nämlich den Nutzungsmöglichkeiten rekultivierter Flächen. Das mindert jedoch nicht die Anwendbarkeit von Analogieschlüssen. Sinngemäß ist daher in dieser Zeitschrift (Z. angew. Geol., H. 2, 1955, S. 71) ausgeführt: „Bei diesen Arbeiten ist von der Auffassung auszugehen, daß nicht nur Fragen der Rekultivierung am jeweiligen Objekt zu klären, sondern auch am konkreten Beispiel *allgemeingültige* Grundsätze abzuleiten sind, die eine *regional ausgedehntere* Anwendung gestatten und so zu einem festen Rahmen der Bearbeitung und bei analogen Verhältnissen zu einer Beschleunigung der Arbeiten führen". Weiter wird dort betont: „Die Untersuchungen des Bodens gehen aus von dem *geologischen* Profil des unverritzten Deckgebirges und von den Böden der Kippe". Damit wird die Bedeutung der *geologischen* Schichten mit ihrem unterschiedlichen Wert für die Rekultivierung besonders hervorgehoben. Die geologischen Verhältnisse der Braunkohlenreviere hat LEHMANN (1953) dargestellt.

§ 3 (2) ist den organisatorischen Voraussetzungen der von der Staatlichen Geologischen Kommission durchzuführenden Arbeiten gewidmet; denn die zuständigen staatlichen Organe haben im Einvernehmen mit dem Ministerium für Land- und Forstwirtschaft bis zum 30. Juni eines jeden Jahres einen Arbeitsplan für die folgenden 12 Monate aufzustellen und der Staatlichen Geologischen Kommission zu übergeben. Damit gewinnt diese Aufgabe der Staatlichen Geologischen Kommission von Anfang an schärfere Konturen, so daß Planung und Koordinierung der Arbeiten, der Einsatz von Arbeitskräften und die Beanspruchung von technischen Einrichtungen (Labor) für längere Zeit übersehbar sind und abgestimmt werden können, so daß der kontinuierliche Arbeitsablauf erleichtert wird.

§ 3 (3) weist auf die Notwendigkeit einer engen Zusammenarbeit der Staatlichen Geologischen Kommission mit den Projektierungs- und Konstruktionsbüros und den Bergbaubetrieben hin; denn diese Dienststellen haben bei der Ausarbeitung der Projekte und Betriebspläne die Gutachten der Staatlichen Geologischen Kommission zu berücksichtigen. Eine Kontaktaufnahme *vor* Ausarbeitung der Gutachten erscheint aus Termingründen und auch deshalb zweckmäßig, um Fragen der Abraumtechnik und -planung mit diesen Stellen zu erörtern.

Nach § 4 (1) ist die Bestimmung des § 5 Buchstabe c der Verordnung besonders zu beachten, d. h., in den Gutachten der Staatlichen Geologischen Kommission ist zu berücksichtigen, daß die endgültige Oberfläche des rekultivierten Geländes über dem voraussichtlichen Grundwasserspiegel liegt und so gestaltet sein muß, daß sie sich den Vorflutverhältnissen anpaßt (WEISBROD 1957 a, d, KOPP 1957 a). Die zweckmäßige Höhe der endgültigen Oberfläche über dem künftigen Grundwasserspiegel ist von dem Wurzelraum der Kulturpflanzen und der kapillaren Steigfähigkeit des Wassers in der jeweiligen Bodenart abhängig (WEISBROD 1937).

Die Anlegung von Hochabsetzerkippen bedarf nach § 4 (2) der Genehmigung der Technischen Bergbauinspektion der Republik, die davon abhängig zu machen ist, daß *in der oberen 1 m mächtigen Schicht* kulturwürdige Böden vorliegen und ein Wirtschaftlichkeitsnachweis darüber erbracht wird, daß die Einebnung zweckmäßiger ist als das Überziehen mit einer Pflugkippe. Den Nachweis, daß in der oberen 1 m mächtigen Bodenschicht kulturwürdige Böden vorliegen (Grad der Kulturwürdigkeit), hat die Staatliche Geologische Kommission zu erbringen (WEISBROD 1953b). Der Wirtschaftlichkeitsnachweis kann wohl nicht so verstanden werden, daß nur die Unkosten der Betriebe bei den verschiedenen Verfahren verglichen werden, sondern diese Unkosten sind zu dem bei den verschiedenen Verfahren erzielten *Ergebnis* der Rekultivierung, das durch die B-Werte beurteilt werden kann, in Vergleich zu setzen. Insofern ist die Staatliche Geologische Kommission auch an dem Wirtschaftlichkeitsnachweis beteiligt (WEISBROD 1957d).

Bei den Aufhaldungen nach § 5, die in der Regel Überflurkippen darstellen, ist die spätere Nutzung der Hänge — neben den Bodenverhältnissen — besonders von dem Mikroklima (z. B. Nord- und Südhänge), der Hanggestaltung (z. B. Exposition, Inklination, Hanghöhe) und damit der Erosion (WEISBROD 1957 b) abhängig. Der Böschungswinkel muß bei Ackernutzung möglichst flach gehalten werden, kann aber bei Grünlandnutzung etwas größer sein. Für einen modernen Obstbau eignen sich besonders terrassierte Hänge, während steile Hänge unabhängig von der Bodengüte der Forstwirtschaft vorbehalten bleiben (WEISBROD 1955 b). Südhänge können z. B. für Apfel zu trocken, dagegen für Kirsche durchaus geeignet sein.

Die Gutachten der Staatlichen Geologischen Kommission müssen daher auch Vorschläge über die unter den jeweiligen Verhältnissen zweckmäßigste Kippenform, besonders über die Gestaltung der Hänge und deren Nutzung enthalten (WEISBROD 1953a, 1955 b).

Die Tagebaurestlöcher nach § 6 gehören mit ihren Hängen über Wasser zu den Tagebauflächen der Kippenseite, die nach § 3 (1) die Staatliche Geologische Kommission bodenkundlich zu bewerten und daher auch in ihren Gutachten zu bearbeiten hat. Ähnliche Überlegungen wie für die Hänge der Überflurkippen gelten auch für die Hänge der Tagebaurestlöcher, wobei hier jedoch die mögliche Bildung von Kalkluftseen und — in Hinblick auf den $p_H$-Wert — die Verwendbarkeit des Wassers besonders zu beachten sind (WEISBROD 1957b).

Die Binnenentwässerung und Bewässerung der Kippenflächen zur land- und forstwirtschaftlichen Nutzung ist nach § 7 (2) Aufgabe des Bewirtschafters. Da jedoch die Staatliche Geologische Kommission die Nutzungsmöglichkeiten der Kippenflächen auf Grund von Untersuchungen zu prüfen hat und diese Möglichkeiten und damit das Ergebnis der Wiedernutzbarmachung unter Umständen durch eine zusätzliche Bewässerung erweitert werden, so ist gegebenenfalls auch die Frage der Bewässerung in den Gutachten zu erörtern (WEISBROD 1955b).

Nach § 7 (3) haben die Bergbaubetriebe eine vorläufige Hauptzufahrt in dem Umfang zu bauen, der die spätere Bewirtschaftung der Kippenflächen ermöglicht. Auch diese Frage nach der zweckmäßigen Anlage einer Zufahrt in Hinblick auf die jeweiligen Bodenverhältnisse und die spätere Nutzung besonders der Überflurkippen (auch der Altkippen) ist daher in den Gutachten der Staatlichen Geologischen Kommission zu behandeln (WEISBROD 1955a, 1955b).

§ 13 (2) verpflichtet die Räte der Bezirke, Abt. Land- und Forstwirtschaft, im Einvernehmen mit den Räten der Kreise, Abt. Land- und Forstwirtschaft, für die vom Bergbau zurückgegebenen Grundstücke einen Nutzungsplan *auf der Grundlage der Gutachten der Staatlichen Geologischen Kommission* auszuarbeiten. Das verpflichtet wiederum die Staatliche Geologische Kommission, die durchgeführten Untersuchungen in gewissem Umfang auch praktisch auszuwerten und in ihre Gutachten Hinweise, die aus den Untersuchungen zu folgern sind, für die Ausarbeitung eines Nutzungsplanes einzufügen. Unter den schon genannten Faktoren ist besonders eingehend die künftige Produktionsbasis, der Boden, zu untersuchen. Falls aber die in den Gutachten vorgeschlagene Nutzung von der Erfüllung besonderer Produktionsbedingungen abhängt oder die Produktion durch bestimmte Maßnahmen wesentlich gesteigert werden kann, so ist auch darauf einzugehen. Zum Beispiel wäre bei einem gerade noch forstlich nutzbaren Boden wegen seiner niedrigen $p_H$-Werte darauf hinzuweisen, daß eine Kalkung (Höhe und Zeitpunkt der Kalkgaben) erforderlich ist, seine Nährstoffe zunächst aufzuschließen und sein Humusgehalt anzureichern sind durch den Voranbau von Pionierpflanzen, zu denen — je nach den Bodenverhältnissen — Luzerne, Steinklee, Lupine, Besenginster und andere gehören. Erst danach wäre über einem Vorwald mit biologischen Holzarten (z. B. Birke, Erle, Robinie, Aspe, u. a.) zu einem Hauptwald überzugehen. — Bei der Oberflächengestaltung wäre zu berücksichtigen, daß z. B. Senken den Pflanzen häufig andere Lebensbedingungen bieten als Hänge und Kämme (WEISBROD 1957b), weshalb bei einer Neuaufforstung eine entsprechende Auswahl der Pflanzengesellschaften zu treffen ist (WEISBROD 1955b). An erosionsgefährdeten Hängen verdienen bodenbefestigende Pflanzen (z. B. Besenginster, Teufelszwirn, Hartriegel, Mehlbeere, Brombeere, Schlehe, Sanddorn, Weißbuche, gewisse Weidenarten, u. a.) oft den Vorzug. — Auch Meliorationen, z. B. mit Torf wären — soweit es die örtlichen Verhältnisse zulassen — in die Vorschläge der Gutachten einzubeziehen (WEISBROD 1956a, 1956b). — Eine kleinflächige und häufige Verzahnung land- und forstwirtschaftlich nutzbarer Böden kann landwirtschaftliche Nutzung aus betrieblichen Gründen ausschließen, während Obstnutzung unter Umständen anzustreben ist (WEISBROD 1956b). — Die Nutzung von Überflurkippen, die in der Nähe von Industriewerken liegen, kann durch Rauchschäden eingeengt werden, weil durch solche Erhebungen die Schornsteinhöhe der Industriewerke praktisch verkürzt wird.

Die aktuellen Probleme der Rekultivierung von Braunkohlentagebauen, die sich bei der Aufstellung eines Gutachtens ergeben, konnten hier weder vollzählig noch eingehend erörtert, sondern nur in Beispielen angeführt werden. Zusammenfassend ist aber festzustellen, daß die Zweite Durchführungsbestimmung eine komplexe Bearbeitung der Probleme erfordert und die Grundlage bietet für Art und Umfang der Aufgaben der Staatlichen Geologischen Kommission bei der Wiedernutzbarmachung der für Abbau- und Kippenzwecke des Bergbaues in Anspruch genommenen Grundstücksflächen.

### Literatur

KNABE, W.: Untersuchungen über die Voraussetzungen der Rekultivierung von Kippen im Braunkohlenbergbau. – Dissertation Institut für Garten- und Landeskultur der Humboldt-Universität Berlin, 1957.
KOPP, E.: Gutachten über die Deckgebirgsverhältnisse und Rekultivierungsmöglichkeiten des Neuaufschlusses „Schlabendorf-Nordfeld". – St. G. K., Geol. Dienst Mitte, 1957a.
– Gutachten über die Deckengebirgsverhältnisse und Rekultivierungsmöglichkeiten des Tagebaues „Franz Mehring", Brieske. – St. G. K., Geol. Dienst Mitte, 1957b.
LEHMANN, H.: Die Wiederurbarmachung der Tagebaue im Rahmen des Fünfjahrplanes. – Bergbautechnik 1951, Heft 6.
— Leitfaden der Kohlengeologie. – Verlag W. Knapp, Halle 1953.
WEISBROD, W.: Die Wasserfrage bei der Bodenschätzung. – Braunkohle, 1937.
– Gutachten mit Bildbericht über die Rekultivierung der Bitterfelder Hochhalde des VEB BKW Holzweißig. – St. G. K. Berlin, 1953a.
– Gutachten mit Bildbericht über die Rekultivierung der Kippe Lochau des VEB BKW Ammendorf. – St.G.K. Berlin, 3.10.1953b.
– Zur Rekultivierung von Braunkohlentagebauen. – Z. angew. Geol., Heft 2, 1955a.
– Gutachten mit Bildbericht über die Rekultivierung und Nutzungsmöglichkeiten der Kippe Predel des VEB BKW Profen. – St. G. K. Berlin, 1955b.
– Gutachten mit Bildbericht über die Rekultivierung und Nutzungsmöglichkeiten der Kippe Wählitz II des VEB BKW Profen. – St. G. K. Berlin, 1955c.
– Gutachten über ein Meliorationsvorhaben auf der Brückenkippe Plessa mit Torf des Plessa-Lauch. – St. G. K. Berlin, 1956a.
– Gutachten mit Bildbericht über die Rekultivierung und Nutzungsmöglichkeiten der Kippe Nachterstedt des VEB BKW Nachterstedt. – St. G. K. Berlin, 1956b.
– Gutachten zum Vorschnittsprojekt des Tagebaues Laubusch. – St. G. K. Berlin, 1957a.
– Über „Begriffe" der Rekultivierung und Nutzung von Braunkohlentagebauen. – Z. angew. Geol., Heft 4, 1957b.
– Vorschlag zur Ermittlung gerechtfertigter Aufwendungen bei der Rekultivierung von Braunkohlentagebauen in Abhängigkeit von der Bodenqualität. – Z. angew. Geol., Heft 8/9, 1957c.
– Rekultivierung von Braunkohlentagebauen – eine echte Vermehrung der landwirtschaftlichen Nutzfläche. – Z. angew. Geol., Heft 8/9, 1957d.

# Über die Gewinnung und Verarbeitung einheimischer Schmucksteine, insbesondere Achate

GERHARD HEDRICH, Altenberg

Der Verfasser nachstehenden Aufsatzes war in den Jahren 1947–1950 in dem Betrieb „Sächsische Mineral- und Halbedelsteinverwertung", Görlitz, beschäftigt. Durch diese Arbeit sollen die dort bei der Gewinnung und Verarbeitung von einheimischen Achaten gemachten Erfahrungen festgehalten und der Allgemeinheit zugänglich gemacht werden. Darüber hinaus wird versucht, eine allgemeine Bewertung dieser Rohstoffe zu erarbeiten.

### Allgemeines

Wenn über Erfahrungen, die bei der Gewinnung und Verarbeitung einheimischer Achate gesammelt wurden, berichtet werden und der Komplex dieses Industriezweiges einschließlich seines volkswirtschaftlichen Wertes einer kritischen Betrachtung unterzogen werden soll, müssen nach der Meinung des Verfassers die hierfür in Frage kommenden Probleme der Lagerstätten und ihrer Geologie, der industriellen Möglichkeiten, der ökonomischen und merkantilen Momente, schließlich auch der Ästhetik und der Mode im Zusammenhang betrachtet werden.

## Die Rohstoffquellen

### 1. Der Schlottwitzer Achatgang

Im Erzgebirge setzen eine Reihe NW streichender Gänge auf, die in der älteren Literatur als ,,Quarz-Roteisenformation" bezeichnet werden. Sie sind gekennzeichnet durch die Richtung, durch stark ausgeprägte Brekzienbildung und einen Ganginhalt von Quarz und Roteisen, daneben Schwerspat und Flußspat, die mengenmäßig sehr variieren können. Sulfidische Erze treten weitgehend zurück, fehlen aber nicht vollständig. Als ein typischer Vertreter soll zunächst der Schlottwitzer Achatgang beschrieben werden. Er tritt auf einer streichenden Länge von ca. 8 km an die Oberfläche und erstreckt sich von Berthelsdorf bei Glashütte an seinem südöstlichen bis nach Niederschlottwitz an seinem nordwestlichen Ende.

Über sein Verhalten nach der Tiefe, namentlich sein Fallen, ist mangels Aufschlüssen nichts bekannt. Er durchsetzt abwechselnd verschieden ausgebildete Gneise und Porphyre des Sayda-Berggießhübler Gangporphyrschwarmes. Seine Mächtigkeit schwankt beträchtlich. Dort, wo er die Porphyre durchsetzt, ist er stets besser ausgebildet und mächtiger als in den Gneisen.

Die Gangfüllung besteht aus einer roteisenführenden Quarzbrekzie. In diese sind Schollen des jeweiligen Nebengesteins eingelagert, wobei Gneis stark, Porphyr weniger stark zersetzt ist. Oftmals sind die Bruchstücke von kristallinen Quarzneubildungen umgeben, wobei es zur Bildung von Amethystquarz gekommen ist. Bei sehr kleinen Bröckchen des Nebengesteins bildet sich sog. Sternquarz. In der Gangmasse lassen sich stellenweise kompakte, rundlich begrenzte, häufig gegen die Umgebung durch eine $Fe_2O_3$-Rinde abgegrenzte Knollen erkennen. Diese sind kopf- bis metergroß. Zerschlägt man sie, so zeigen sie sich als ein sülzeähnlicher Gelquarz. Manchmal, keineswegs immer, sind in die Gelmasse Stücken von Bandachat hell-dunkel-roter Färbung eingelagert. Da sie ganz wirr zueinander liegen, entsteht der sogenannte Trümmerachat, wiederum eine Brekzie.

Es gibt aber auch gangartige Gebilde von rotem Bandachat, die die eigentliche Gangbrekzie mehr oder weniger gleichmäßig durchziehen. Neben den vorherrschenden rötlichen Farbtönen des Achats gibt es auch durch Reduktion grüngefärbte Varietäten.

Namentlich in den Gangendschaften, aber auch in den Salbandregionen der mittleren Teile, tritt rosa Schwerspat in derben Massen auf. Er ist jedoch immer mit der quarzigen Gangmasse mehr oder weniger verwachsen. Ganz selten treten in kleinen Nestern dunkelvioletter Flußspat und Pyrit auf. Da in der Brekzie zwischen den Bruchstücken häufig Lücken auftreten, sind Drusen nicht selten. Hier ist überwiegend Quarz mit oder ohne Amethystfärbung auskristallisiert. Es gibt Quarze mit eingewachsenen Hämatitkügelchen, -büscheln oder -lamellen. Bei zunehmend feinerer Dispersion des Hämatits geht das Rosa immer mehr in Violett über, so daß man wohl nicht fehlgeht, wenn man als färbende Substanz des Amethystes hier feinverteilten Hämatit annimmt. Seltener treten in den Drusen Baryt sowie Pseudomorphosen von Quarz nach Baryt auf. Ganz selten findet man in den Drusen auch kristallisierten Eisenglanz, Flußspat, Pyrit und Chalkopyrit. Da die Müglitz den Gang in sehr spitzen Winkeln schneidet und er noch von mehreren Nebenbächen der Müglitz durchbrochen ist, sind Gerölle des Ganges im Flußgebiet der Müglitz und Elbe weit verbreitet; sie haben bei paläogeographischen Forschungen schon mehrfach als Leitgerölle gedient. Außerdem sind Gerölle des Ganges in cenomane Brandungskonglomerate eingegangen, mit diesen wieder aufgearbeitet und weiterverbreitet worden.

### 2. Der Halsbacher Achatgang

Der kaum weniger als der Schlottwitzer bekannte Achatgang von Halsbach bei Freiberg ist in streichender Länge nur einige 100 m aufgeschlossen. Die Brekzienbildung ist hier weitgehend unterdrückt, die gesamte Mächtigkeit, die zwischen 0,3 bis 0,8 m schwankt, ist mit Achat, d. h. wechselnden Lagen von Quarz verschiedenen Kristallisationsstadiums in rhytmischen Wiederholungen gefüllt. Der Gang zeigt symmetrischen Bau. In der Mitte haben sich oftmals Drusen mit Amethystkristallen, nach außen zu roter Achat und ganz außen häufig weißer Chalcedon gebildet. Weitere Mineralien außer Schwerspat kommen kaum vor. Diese einheitliche, ungestörte Ausbildung des Ganges ist, wie später gezeigt werden soll, für die Verarbeitung des Materials von außerordentlicher Bedeutung.

### 3. Weitere Vorkommen

Mit der näheren Beschreibung dieser zwei Gänge soll es in diesem Aufsatz, der das Thema mehr allgemein behandelt, sein Bewenden haben. Vom Typ vorbeschriebener Gänge gibt es im Erzgebirge noch eine ganze Reihe; so in Nähe Bärenstein (bei Glashütte), Bärenhecke, Geising, aber auch im mittleren Erzgebirge (z. B. Wiesenbad bei Wolkenstein und anderswo).

Sie haben alle ihre Besonderheiten, die sie für die Schmucksteingewinnung mehr oder weniger geeignet machen. Ihre Gerölle sind ebenfalls weit verbreitet, doch gibt es darüber hinaus in Alluvionen und Diluvionen noch Gerölle schleifbaren Materials, die ganz andere Quellen haben. Bei den Achaten, die aus primärer Lagerstätte stammen, muß unbedingt noch der bekannten Schneekopfkugeln gedacht werden. Es handelt sich dabei um nuß- bis kopfgroße Geoden, die sich im Porphyr der Langreinspitze bei Gehlberg im Thüringer Wald finden. Sie sind sphäroid gebaut, voll oder auch mit einer kleinen Druse in der Mitte. Die äußere Schale ist Achat, innen folgen kristalliner Quarz und oftmals auch andere Mineralien: Kalkspat, Eisenglanz usw.

Bei der Verwitterung reichern sich die im festen Porphyr nicht übermäßig reichlich enthaltenen Geoden in der Verwitterungszone an, sobald die zu feinem Grus zerfallende Gesteinsmasse weggeführt wird. Sie können dann leicht gewonnen werden. Aus dem frischen Gestein dürfte eine Gewinnung kaum möglich sein.

Abgesehen von den Achaten, gibt es natürlich im Gebiet der Deutschen Demokratischen Republik eine Fülle von Klein- und Kleinstvorkommen schleifbarer Mineralien und Gesteine, die, ohne Anspruch auf Vollständigkeit zu erheben, im folgenden stichwortartig erwähnt werden sollen:

Auf vielen erzgebirgischen Gruben Quarz und Rauchquarz (Zinnwald, Ehrenfriedersdorf, Freiberg), desgleichen nahe Königshain bei Görlitz. Jaspis (Gnadstein, Kohren, Manebach, Geising) verschiedene hornblendeführende Gesteine (Breitenbrunn, Berggießhübel), Granat (Zöblitz, Freiberg), verschiedene Kalksilikathornfelse, Serpentin (Zöblitz), verkieselte Hölzer, sogenannter Holzopal (Karl-Marx-Stadt, Döbeln) usw.

In Alluvionen, Diluvionen und fossilen Brandungsgeröllen ist eine Anreicherung der Hartmaterialien erfolgt, so daß jede Sand- und Kiesgrube und jeder Flußbaggerbetrieb im weiteren Sinne ebenfalls eine Quelle der hier interessierenden Rohstoffe darstellt.

#### 4. Rohstoffe für Industrieachat

Eine Sonderstellung nehmen die Rügenschen Feuersteine ein, und zwar weil sie bei der Kreidegewinnung billig und in großen Mengen anfallen und weil sie, wie später noch gezeigt werden soll, den einzigen für Industrieachat in Frage kommenden inländischen Rohstoff darstellen.

## Gewinnung der Rohsteine

Aus der geologischen Beschreibung der Vorkommen geht hervor, daß bei iher Nutzung neben dem Normalfall, nämlich der bergbaulichen Gewinnung aus der anstehenden Lagerstätte, Sonderfällen, nämlich der Gewinnung als Nebenprodukt oder direktes Sammeln auf der Basis von Fundprämien, eine sehr große, um nicht zu sagen, die wesentlichste Rolle zukommt.

Da bei der Gewinnung von Rohsteinen, die später geschliffen oder geschnitten werden sollen, einige Sonderregeln zu beachten sind, wenn man nicht von vornherein unbrauchbares Material erhalten will, ergeben sich schon hier eine Reihe technischer Schwierigkeiten:

1. Es ist grundsätzlich nicht möglich, die Gewinnung mit Hilfe von Sprengstoffen vorzunehmen. Die hier zu betrachtenden Gesteine sind sehr empfindlich gegen Spannungsänderungen und Erschütterungen. In den USA (Oregon) werden sie daher bereits im Bruch mit Diamantsägen aus dem Anstehenden geschnitten, was sicher die beste, wenn auch teuerste Methode darstellt. Im Vorkommen Halsbach bei Freiberg, das in den letzten 50 Jahren zweimal in Betrieb war, wurden die Rohsteine mit Eisen und Holzkeilen losgedrückt, nachdem der Gang seitlich mit Pickhämmern bzw. Hacke und Schaufel freigelegt worden war. Es gab aber trotz vorsichtigen Arbeitens (Verfasser war während der zweiten Betriebsperiode ständig mit im Bruch, und die Arbeit wurde von erfahrenen Bergleuten durchgeführt) viel Klarschlag und unbrauchbares Material.

2. Wegen der Empfindlichkeit gegen Spannungsänderungen ist das Gestein auch gegen Hitze und Frost zu schützen! So zerfielen z. B. eine Anzahl großer Gerölle des Schlottwitzer Achatganges beim Schneiden in Platten in millimetergroßen Grus. Es stellte sich heraus, daß diese Gerölle einige Jahre in einem Garten als Beeteinfassung gelegen hatten. Wiederholte Durchfeuchtung und Austrocknung spielen sicher eine ungünstige Rolle.

Sehr ungünstig ist es natürlich, wenn die Rohsteine bereits tektonisch beansprucht sind. Das ist besonders im Schlottwitzer Achatgang der Fall. Auch die Schneckensteintopase stecken voller innerer Spannungen.

3. Gerölle, die aus Sedimenten gesammelt wurden, zeigten im allgemeinen günstigere mechanische Eigenschaften. Das mag daher rühren, daß diese ständig im Grundwasserbereich gelagert haben, wobei das Wasser als Thermostat fungierte. Wesentlich ist aber auch, daß durch die Arbeit des bewegten Wassers schon eine positive Auslese stattgefunden hat, bei der alles irgendwie „vorbelastete“ Material zerrieben wurde.

4. Aus dem o. a. ergibt sich eine bedeutende Einschränkung für die Gewinnung dieser Rohstoffe als Nebenprodukt im Bergbau. Wird das Hauptprodukt durch Bohr- und Schießarbeit gewonnen, so ist das mit anfallende, an sich schleifbare Material meist nicht mehr zu gebrauchen. Mag diese Betonung der Empfindlichkeit auch speziell für die Quarzgesteine zutreffen, mehr oder weniger gilt für alle hier interessierenden Gesteine dasselbe. So war es z. B. nicht leicht, aus dem bergmännisch gewonnenen Flußspat vom Schortetal (Thüringen) schleifbaren optischen Spat zu gewinnen, obwohl schöne klare Kristalle nicht selten waren. Es ist durchaus möglich, daß es schöne Schaustufen gibt, auch solche die sich gut anschleifen lassen; jedoch bei der Weiterverarbeitung zu kunstgewerblichen Gegenständen und Schmucksteinen tritt dann häufig Bruch auf. Das ist vom ökonomischen Standpunkt zu riskant, da, wie später gezeigt werden soll, der Wert des Rohsteins immer nur einen Bruchteil des Fertigproduktes ausmacht. Außerdem ist die Bearbeitung brüchigen Gesteins mit Diamantsäge und Schleifsteinen wegen der Splitterwirkung sehr gefährlich und schon deshalb abzulehnen.

Ein Wort soll noch der Gewinnung durch Sammeln und durch Fundprämien gewidmet werden: Je moderner ein bergbaulicher Betrieb (wozu hier auch Steinbrüche, Kiesgruben u. ä. gerechnet werden müssen) eingerichtet ist, je besser er mechanisiert ist, desto schwieriger ist meist schon rein technisch das Aushalten von irgendwelchen Sonderheiten. Auch nimmt im modernen Betrieb die Arbeit jeden einzelnen so sehr in Anspruch, daß auch Fundprämien kaum zu nennenswertem Anfall von brauchbarem Material führen.

Für das Sammeln im Gelände (Flußbetten usw.) ist es schwierig, geeignete Personen zu finden, da einige Fachkenntnisse vorausgesetzt werden müssen, wenn der betreffende Sammler überhaupt etwas Brauchbares finden will. Die Preise, die bestenfalls für den Rohstein gezahlt werden können, liegen auch nicht so hoch, daß das Steinesammeln ein einträgliches Geschäft darstellt. Dazu kommt, daß auch reiche Fundgebiete verhältnismäßig rasch abgesammelt sind.

Als 1946 damit begonnen wurde, für die großangelegte „Sächsische Mineral- und Halbedelsteinverwertung“ in Görlitz das nötige Rohmaterial bereitzustellen, wurde auch das Bett der Müglitz systematisch nach Achatgeröllen abgesucht, und es konnten von wenigen Sammlern in kurzer Zeit mehrere LKW-Ladungen Rohsteine gesammelt werden. Heute findet man kaum noch schleifbaren Stein. Gewiß stecken in den Hochterrassen noch Hunderte von Tonnen schleifbaren Rohsteins; aber es ist wirtschaftlich undenkbar, diese um ihrer selbst willen zu gewinnen. Sie kommen höchstens bei Hochwässern oder bei Bauarbeiten zum Vorschein.

Ähnlich sind die Verhältnisse bei allen anderen Sekundärvorkommen auch.

## Weiterverarbeitung einheimischer Schmuckstein-Rohstoffe

1. Die Bearbeitung von Stein zu Gebrauchs-, Schmuck- und Kult-Gegenständen ist fast so alt wie die Menschheit selbst. An der Bearbeitungsmethodik hat sich im Laufe der Menschheitsgeschichte nicht viel geändert. Man bearbeitet das weichere Material mit dem härteren und das härteste mit sich selbst. Die Kraft dazu gaben die Muskeln, später Wasser und dann die Elektrizität. Wesentlich geändert hat sich der Verwendungszweck der Steinprodukte.

Waren es zunächst Gebrauchsgegenstände (Feuersteine und Nephritwerkzeuge), so stellten später kultische Gegenstände (Götterbilder, Weihegefäße, Altäre) und in der Neuzeit Schmuckwaren den überwiegenden Teil des Gesamtproduktes der Steinverarbeitung dar. Gegenwärtig erleben wir, daß wieder Gebrauchsgegenstände, Werkzeuge, hergestellt werden, allerdings für den Maschinenbau. Es wäre reizvoll, hier dialektische Zusammenhänge zu suchen, aber es würde zu weit führen. Nur soviel sei gesagt, daß der so viel zitierte „Geist der Zeit" dem Naturstein nicht hold ist. Wir bauen heute mit Kunststeinen. Wir schmücken unsere Häuslichkeit innen und außen mit Metall, Glas und Keramik, und wir schmücken uns selbst mit synthetischen Steinen und auch das nur sehr sparsam.

Es sei hier dem folgenden Abschnitt vorweg genommen: Verglichen mit früheren Epochen hat der moderne Mensch ein geringeres Schmuckbedürfnis (was keinesfalls heißen soll, einen schlechteren Geschmack!). Die Mißachtung dieser Erkenntnisse, auf die im folgenden Abschnitt näher eingegangen werden soll, verurteilte das Unternehmen in Görlitz zum Scheitern. Die Existenz einiger kleinerer privater Schleifereien in der Deutschen Demokratischen Republik beweist aber, daß auch noch andere Gründe dafür vorliegen müssen. Der einzige Fachmann in dem Betrieb war ein Idar-Obersteiner Schleifer, und er entwickelte den Betrieb als eine getreue Kopie einer Idar-Obersteiner Achatschleiferei für Ringsteine aus künstlich gefärbtem Achat.

Weder das Rohmaterial noch der Bedarf der Abnehmer waren aber auch nur annähernd ähnlich den Verhältnissen in Idar. Die Gang„achate" des Erzgebirges sind gar keine echten Achate im Sinne LIESEGANGs, sondern Jaspilite. Sie sind kryptokristallin und lassen sich nicht künstlich färben. Dasselbe gilt für die verkieselten Hölzer und den Feuerstein.

Mit Versuchen in dieser Richtung wurde sehr viel Zeit und Material vertan, obgleich die Unzweckmäßigkeit schon auf Grund einfacher mikroskopischer Untersuchungen vorauszusehen war. Das Material wurde mit Diamantblättern zerschnitten, dann wurden solche Bruchstücke ausgesucht, die äußerlich halbwegs dem Begriff „Carneol" oder „Onyx" entsprachen, bzw. dem, was sich die Schmuckwarenhändler darunter vorstellen. So wurde das Material nicht nur sehr schlecht ausgenutzt, es konnte bei der einseitigen Verwendung auch gar nicht zur Wirkung kommen und fand nirgends Anklang.

Aber auch abgesehen davon, erwies sich das vorbeschriebene Material als ausgesprochen schwierig zu bearbeiten. Die Rohbrocken wurden mit Diamant-Sägeblättern von 25—30 cm Breite, die in Petroleum liefen, in Scheiben geschnitten, die etwas dicker als der herzustellende Schmuckstein waren. Durch Einschlüsse, Drusen usw., gab es oft Schäden an den teuren Sägeblättern. Toneinschlüsse verunreinigten das Schneidöl (Petroleum) und machten es vorzeitig unbrauchbar. Am stärksten wurden die Diamantblätter durch eisenkieselartige, etwas weniger stark durch hornblendeführende (Salitschiefer usw.) Gesteine angegriffen, während sich kristallisierter Quarz (Bergkristall) als relativ weich erwies. Der Verschleiß war also nicht proportional der Mineralhärte.

Die geschnittenen Scheiben wurden zerdrückt, um versteckte Klüfte zu lösen und aus den Bruchstücken die Schmucksteine mit groben und feinen Korundscheiben roh vorgeschliffen. Das erste war nötig, weil auch die geringste Andeutung eines Lösens beim Polieren zum Vorschein kommt und den Stein wertlos macht. Besonders bei dickeren Steinen (Cabochons) war mindestens jeder zweite Stein, vor allem beim Schlottwitzer Material, mit solchen Lösen behaftet. Ehe das zum Vorschein kam, hatte der Stein aber schon $^1/_3$ der notwendigen Arbeit verzehrt, die somit wertlos war. Bei der Herstellung von Schmucksteinen aus ausgesuchtem Schlottwitzer Material ergab sich in der Schleiferei ein Verlust an unbrauchbarem Material von 80—95%!

Bei den anderen Gesteinen (Halsbach und Gerölle) war das Verhältnis etwas günstiger.

Das Feinschleifen erfolgte am großen, vertikal in einer Wasserwanne laufenden Sandstein nach Idar-Obersteiner Art. Auch hierfür standen nicht die geeigneten Steine zur Verfügung. In Idar benutzte man dazu den ganz gleichkörnigen Belgischen Sandstein. In Görlitz wurde dafür Elbsandstein aus Rottwerndorf verwendet, der nicht frei von Fossileinschlüssen und Eisenkonkretionen war. Oftmals mußte der Stein so lange abgedreht werden, bis zufällig eine gleichmäßige Peripherie freigelegt war. Versuche, das Feinschleifen mit Korund durchzuführen, ergaben, daß bei allen Quarzvarietäten nicht der gleiche Grad an Hochglanzpolitur zu erreichen war wie bei den Steinen, die am Sandstein abgedrückt waren. Dagegen ließen sich alle Nichtquarze sehr gut mit Korund feinschleifen.

Das Polieren erfolgte mit Zinnoxyd, später mit Poliertonerde vom EK Bitterfeld, an vertikal laufenden Pappelholz- oder Bleischeiben. Für die Nichtquarze wurden auch andere Poliermittel (Bolus, Wiener Kalk usw.) verwendet, die jeweils neu ausprobiert werden mußten. Selbstverständlich erfolgten alle diese Arbeitsgänge unter reichlicher Verwendung von Wasser, schon zur Kühlung und Schmierung der Steine. Dennoch war die Gefährdung der Schleifer und Polierer durch feine Stäube sehr beträchtlich, besonders beim Abdrehen der Korundscheiben und des Sandsteines, das mehrere Male am Tage erfolgen mußte, da diese sehr rasch unrund wurden.

Wie erwähnt, war der Betrieb ganz einseitig auf die Herstellung von Ringsteinen orientiert. Die vielfältige künstlerische und kunstgewerbliche Verarbeitung einheimischen Materials, wie sie in älteren Zeiten in Sachsen gepflegt wurde und wie im übrigen solche Gesteine auch in der ganzen Welt genutzt werden, war nicht vorgesehen. Dafür war weder die maschinelle Ausrüstung noch die personelle Besetzung geeignet. Es war auch nicht möglich, den Wunsch der Industrie zu erfüllen, Achat als Bauelement für Maschinen und Geräte zu benutzen. Achat findet hier als Lagerstein für Waagen und andere empfindliche Geräte, als Glättestein in der Textilindustrie, als Reibschale und für viele andere Zwecke Verwendung.

Hierzu wurde aber wenigstens der Versuch gemacht. Das erzgebirgische Material war dafür allerdings von vornherein ungeeignet und auch zu knapp, recht gut bewährte sich aber der Rügensche Feuerstein. Zwar hatten daraus hergestellte Reibschalen den Mangel, daß sie — verglichen mit Mandelachat — etwas zu glatt wurden, für alle anderen Zwecke erfolgten aber keine Beanstandungen. Nur die notwendige Massenproduktion bei gleichzeitig hoher Maßgenauigkeit konnte mit diesem Betrieb nicht erreicht werden, weshalb die Produktion wieder eingestellt wurde. Bald darauf wurde der Betrieb aus finanziellen Erwägungen geschlossen.

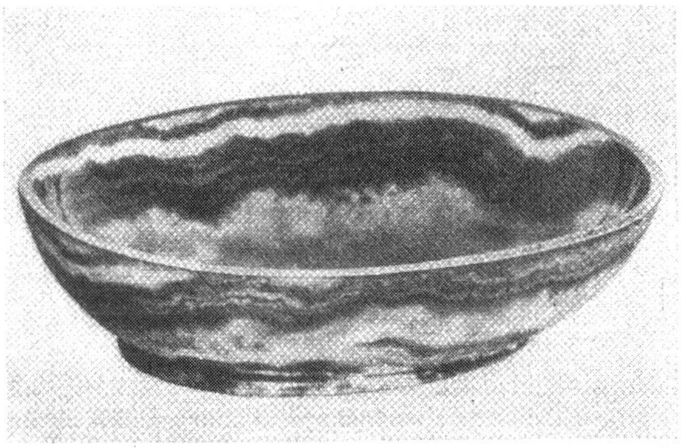

Achat-Schale aus Halsbach bei Freiberg

Heute befassen sich einige kleine Schleifereien mit Lohnschliff für die verschiedensten privaten und auch öffentlichen Auftraggeber, wofür einheimische und auch importierte Rohstoffe verwendet werden. Das Schwergewicht der einheimischen Schleifindustrie liegt aber auf der Verarbeitung von Glas und synthetischen Steinen.

## Wirtschaftliche Überlegungen

1. Nachdem die Nutzung einheimischer Schmucksteinvorkommen im 17. bis Mitte des 19. Jahrhunderts namentlich in Sachsen eine gewisse Blütezeit erlebt hatte, fehlte es in späteren Zeiten nicht an gutgemeinten Hinweisen und mehr oder weniger gelungenen Versuchen, sen Bodenschätzen wieder zu Bedeutung zu verhelfen.

Auch heute tauchen solche Vorschläge immer wieder auf. Will man diese beurteilen, ist es vor allem wichtig, die Frage zu beantworten, wozu und in welchem Umfange Schmucksteine überhaupt gebraucht werden. Das Bedürfnis, sich oder seine Umgebung zu schmücken, ist zwar eine spezifisch menschliche Eigenart, die aber in ihrem Umfang und auch in der Art ihrer Durchführung von den jeweiligen gesellschaftlichen Verhältnissen im weitesten Sinne dieses Begriffes abhängig ist. Es wäre sicher sehr reizvoll, Schmuck und Schmuckbedürfnis der verschiedenen Gesellschaftsepochen näher zu untersuchen, hier interessieren uns aber nur die Schmucksteine.

Mit dem Begriff von Schmuck und Edelsteinen verbindet der Mensch allgemein nicht nur den Begriff des Schönen, sondern auch den des Wertvollen, d. h. des in einem relativ kleinen Gegenstand vergegenständlichten Wertes. Da der Wert eines Gegenstandes nichts anderes als die zu seiner Gewinnung verbrauchte Arbeit ist, wird ersichtlich, daß ein roher Diamant den gleichen Wert haben kann wie ein geschliffener Turmalin oder eine aus einem Bergkristall geschnittene kleine Figur, je nachdem, ob zur Gewinnung des Rohsteines oder zu seiner Weiterverarbeitung mehr Arbeit aufgewendet worden ist.

Für unsere Achate und dergleichen ergibt sich hieraus, daß der Wert des Rohsteins ein relativ kleinerer sein muß, denn im Weltmaßstab (und dieser muß hier herangezogen werden, weil der *durchschnittliche* gesellschaftliche Arbeitsaufwand zur Gewinnung und Verarbeitung als Maß dient) und auch bei uns im Lande selbst steht das Material mengenmäßig reichlich zur Verfügung. Um überhaupt eine Richtzahl zu nennen: Der Preis entspricht rd. 3,00 DM/kg, allerdings muß mindestens 50% nutzbares Material enthalten sein. Wert gewinnen die daraus gefertigten Gegenstände also im wesentlichen erst durch die Verarbeitung. So beträgt z. B. bei einem angeschliffenen Achatstück, das für DM 200,00 gehandelt wird, der Anteil, der auf den Rohstein entfällt, höchstens DM 20,00.

Bei weiterer Verarbeitung (Schalen, Figuren) verschiebt sich der Wertanteil rapide weiter zuungunsten des Steines. Bei anderen Rohstoffen (Bergkristall, Jadeit usw.) kommt das Rohmaterial etwas besser weg, aber erst bei den als „Edelstein" bezeichneten Mineralien überwiegt der Wertanteil des Rohsteines. Bei der Beurteilung der Wirtschaftlichkeit dieses Materials spricht also nicht der Geologe oder Bergmann, sondern in erster Linie der Kunstgewerbler (Steinschneider und Goldschmied) das entscheidende Wort. In den bei Vorschlägen zur Nutzung einheimischer Rohsteinvorkommen immer zitierten Unternehmungen (NEUBER) früherer Zeit und anderer Länder (Japan, China, UdSSR) ging die Initiative auch stets von den Kunstgewerblern aus, während in jüngerer Zeit bis heute Anregungen eher von geologischer Seite kamen (FISCHER). Das gibt gewiß zu denken.

Bisher haben wir das Problem nur von der Produktionsseite betrachtet.

Die Konsumtionsseite ist schwieriger. Das Gesetz der Wertbildung (Wert = vergegenständlichte Arbeit) erfährt nämlich bei den hier in Frage kommenden Gütern eine gewisse Abänderung durch die örtlich und zeitlich schwankende allgemeine Wertschätzung, die sich nicht immer mit dem wirklichen Wert deckt. Sie ist so unmotiviert und schwer zu fassen wie die Mode, mit der sie in engem Zusammenhang steht. Die Mode hat in verschiedenen Gesellschaftsordnungen eine wichtige Rolle gespielt und spielt sie auch durchaus im Sozialismus. Ihre Gesetzmäßigkeiten sind noch weitgehend unerforscht, so daß die Beschäftigung mit Dingen, die von ihr im hohen Maße abhängig sind, große wirtschaftliche Risiken bergen. Andererseits liegen natürlich hier auch große volkswirtschaftliche Möglichkeiten verborgen, wenn sie im richtigen Augenblick und schnell genug genutzt werden.

So wäre z. B. eine Produktion von Granat und Granatschmuck um 1948 vorübergehend eine große volkswirtschaftliche Chance gewesen. Leider standen der Deutschen Demokratischen Republik nicht die entsprechenden Rohstoffe zur Verfügung. Ebenso rasch könnte *naturgefärbter Achat* einmal eine vorübergehende Weltmode werden. Dann würde es notwendig, rasch zu handeln.

Voraussetzung ist, daß eine Verarbeitungsindustrie in gewissem Umfang schon da ist. Diese Voraussetzung ist im VEB Gablona, Görlitz, um nur einen Betrieb zu nennen, gegeben. Der Startschuß zu einem solchen Run erfolgt auf alle Fälle vom Schmuckproduzenten und -kaufmann. Geologen und Bergwirtschaftler aber haben die Aufgabe, die notwendigen Rohstoffe bereitzuhalten. Dazu gehört, daß die Lagerstätten bekannt sind (das ist durchaus noch nicht in genügendem Umfang der Fall) und daß sie zugänglich gehalten und vor Überbauung geschützt werden, auch wenn sie im Augenblick ganz wertlos erscheinen. Eine forcierte Nutzung, wie sie in jüngerer Zeit vorgeschlagen und mit der „Sächsischen Mineral-und Halbedelsteinverwertung" praktisch durchexerziert wurde, kann jedoch leicht zum Fiasko führen.

Ein gewisser gleichmäßiger, von der Mode unabhängiger Bedarf wird natürlich immer da sein. Dieser wird aber in der Deutschen Demokratischen Republik nur einige wenige Schleifer ernähren und nur wenige kg Rohstein jährlich beanspruchen. Die Möglichkeiten, das ästhetische Bedürfnis zu befriedigen, sind für den modernen Menschen so vielfältig, daß für den Sektor „Stein" dabei nicht viel übrigbleibt. Vom synthetischen Rubin über Glas und Keramik bis zu organischen Kunststoffen bietet sich dem kunsthandwerklich Schaffenden und seinem Abnehmer eine unübersehbare Fülle von Materialien an.

Dazu kommt die gegenwärtige Mode, zumindest bei uns in Europa, die bestimmt, schmückende Beigaben am Menschen selbst als auch an seinen Wohnungen, Fahrzeugen und Gebrauchsgegenständen nur äußerst sparsam zu verwenden. Das ist aber nicht nur zeitlich, sondern auch örtlich verschieden, so daß für den Export in bestimmte Länder Möglichkeiten bestehen dürften.

Ein weiterer wichtiger Anreiz, der in früherer Zeit die Produktion von Schmuckgegenständen begünstigte, entfällt in der sozialistischen Gesellschaft überhaupt, nämlich die Aufgabe, Wert zu konservieren und zu repräsentieren. In krisenempfindlichen Zeiten wurden und werden in den kapitalistischen Ländern heute noch von gut situierten Bürgern kunstgewerbliche Gegenstände benutzt, um das Geld anzulegen.

Zum Schluß soll noch die Nutzung einheimischer Silices für technische Zwecke erwähnt werden. Auch hier wäre zu überprüfen, wo in der modernen Technik der Einsatz solchen Materials notwendig ist, da eine ganze Reihe künstlicher Hartstoffe zur Verfügung stehen (synth. Korund, Hartmetalle und Metallkarbide). Immerhin wäre, wenn eine solche Lücke bestehen sollte, diese mit Feuerstein, der bei der Kreideaufbereitung auf Rügen in großen Mengen als Nebengestein anfällt, leicht zu schließen. Es wäre dann aber zweckmäßig, daß dafür ein besonderer, in sich geschlossener Betrieb eingerichtet wird, da diese Produktion nicht in das Produktionsprogramm eines Schmuckwarenbetriebes paßt.

## Zusammenfassung und Schluß

In der Deutschen Demokratischen Republik stehen eine große Anzahl kleiner Lagerstätten zur Verfügung, die harte Gesteine, meist Quarzvarietäten, liefern können, die als Schmuckrohstoffe und evtl. auch als industrielle Hartmineralien geeignet sind.

Ihre Nutzung ist nicht einfach und nimmt in der Gewinnung mineralischer Rohstoffe durchaus eine Sonderstellung ein. Ihre Weiterverarbeitung ist relativ schwierig. Bei der kunsthandwerklichen Produktion entfällt auf den Rohstoff wertmäßig der geringste Teil. Schmuck unterliegt sehr der Mode, seine Herstellung ist gegenüber anderen Waren mit einem größeren wirtschaftlichen Risiko verbunden.

Es ist aber notwendig, daß sowohl die Lagerstätten greifbar als auch Verarbeitungsbetriebe in gewissem Umfang vorhanden sind. Für die technische Verwendung kommen an einheimischen Silices nur die Feuersteine aus der Kreide in Frage.

## Literatur

DEECKE, W.: Die mitteleuropäischen Silices, nach Vorkommen, Eigenschaften und Verwendung in der Prähistorie. — Fischer, Jena 1933.
DIETZEL, W.: Der versteinerte Wald von Chemnitz. — Aus der Heimat, 1930.
ETTIG, F.: Nordsächsische Schmucksteine aus diluvialen Schottern. – Der Aufschluß, H. 6, 1950.
– Avanturin. — Der Aufschluß, H. 7 1951.
– Sächs. Chalcedon. — Der Aufschluß, H. 9, 1951.
– Sächs. Topas. — Der Aufschluß, H. 3–4, 1953.
– Nordsächsischer Feuerstein. — Der Aufschluß, H. 3, 1953.
– J. C. Neuber, der Juwelier sächsischer Schmucksteine. — Der Aufschluß, H. 11, 1953.
– Sächsischer Turmalin. — Der Aufschluß, H. 12, 1953.
– Oberschlottwitzer Überraschung. – Der Aufschluß, H. 11, 1954.
– Über den Zöblitzer Serpentin. – Der Aufschluß, H. 2, 1955.
FISCHER, W.: Das Amethystvorkommen von Purschenstein (Erzgeb.). Das Vorkommen des „Rochlitzer Achates" in Wiederau bei Rochlitz/Sachsen. – Mitt. a. d. Staatl. Museum f. Mineralogie und Geologie, Dresden, 1938/39.
– Ist eine Ausbeutung der fast vergessenen sächs. Vorkommen von Topas und Achat heute wirtschaftlich möglich? – Mitt. a. d. Staatl. Museum f. Mineralogie und Geologie, Dresden 1938/39.
FREYBERG, v. B.: Ein Besuch der Achatlagerstätten der Serra Geral-Südbrasilien. – Aus der Heimat, 1930.
FRICKE, M.: Der Schneckenstein im sächs. Vogtland. – Der Aufschluß, H. 7–8, 1949.
– Die Achat-Industrie in Oregon. – Der Aufschluß, H. 7–8, 1949.
GOEBELER, H.: Achat. – Der Aufschluß, H. 11, 1958.
GOERG, R.: Der Moosachat. – Aus der Heimat, 1930.
GEORGI, P.: Porphyrkugeln im Thür. Wald. – Der Aufschluß, H. 5, 1953.
KRÄMER, H.: Die Theorien der Achatbildung. – Der Aufschluß, H. 11, 1955.
LIESEGANG, R. A.: Die Achate. – Steinkopf, Dresden und Leipzig, 1915.
LOHF, W.: Eisenoxyd und Hydroxyde als Einschluß Obersteiner Drusenmineralien. – Der Aufschluß, H. 11, 1953.
KIND, H.: Achate im Quarzporphyr. – Der Aufschluß, H. 6, 1957.
MÖCKEL, M.: Sächs. Edelgestein in Gold und Silber. – Zschorlau 1942.
SCHWAHN, CH.: Edelsteinkunde. – Marhold, Halle 1955.
WERNER, A.: Achatmandeln. – Der Aufschluß, H. 6–8, 1955.
WILD, G. & H. BIEGEL: Karneol. – Achat, H. 1, 1949.
– Idar-Oberstein. – Achat, H. 4, 1949.

# Dem bedeutenden Hydrologen ADOLF THIEM (1836–1908) anläßlich der 50. Wiederkehr seines Todestages zum Gedenken

HANS VIEWEG, Halle/S.

Am 2. Mai 1908 schied der bekannte Hydrologe Baurat ADOLF THIEM in Leipzig aus dem Leben. THIEM wurde am 21. Februar 1836 in Liegnitz geboren. 1875 ließ er sich als beratender Ingenieur für Grundwasserforschung und Grundwasserversorgungstechnik in Regensburg nieder.

Während bis dahin die meisten Städte ihren Wasserbedarf aus mehr oder weniger aufbereitetem Flußwasser deckten, trat THIEM auf den Plan und wies in Vorträgen und Schriften — oft von anderen Fachleuten scharf bekämpft — auf die großen Vorteile des Grundwassers in hygienischer Hinsicht für die öffentliche Wasserversorgung gegenüber dem Oberflächenwasser hin. Er wies gleichzeitig nach, daß es durchaus möglich sei, selbst die größten Städte ständig mit einwandfreiem Grundwasser zu versorgen.

Die Entwicklung des Wassergewinnungswesens in den vergangenen Jahren hat THIEM recht gegeben. Immer mehr gingen die deutschen Städte dazu über, das Grundwasser zur Wasserversorgung der Bevölkerung heranzuziehen. Nach BUSCH förderten 1935 die deutschen Wasserwerke 78% Wasser aus Grundwasservorkommen, demgegenüber nur 14% aus Oberflächenwasser und 8% aus Quellen. THIEM gilt daher als Bahnbrecher auf dem Gebiet der öffentlichen Grundwasserversorgung.

ADOLF THIEM

Besondere Beachtung in der internationalen Fachwelt erlangte THIEM mit seinen auf den Grundgesetzen von DARCY und DUPUIT aufbauenden „Mathematischen Gleichungen für die Ergiebigkeit von Grundwasserfassungen". Er legte damit den Grundstein für die neue Wissenschaft der Hydrologie.

Nach einem von THIEM in Kiel anläßlich einer Tagung des „Deutschen Vereins für öffentliche Gesundheitspflege" gehaltenen Vortrag über Grundwasserprobleme richtete der damalige Oberbürgermeister der Stadt Leipzig, der dieser Tagung beigewohnt hatte, an THIEM die Aufforderung, seinen Wohnsitz nach Leipzig zu verlegen, um die weitere Umgebung von Leipzig auf das Vorkommen von Grundwasser und seine Dauerergiebigkeit zu erforschen.

Dieser Aufforderung kam THIEM nach. 1886 siedelte er nach Leipzig über. Hier entfaltete er bis zu seinem Ableben unter Mitwirkung einer größeren Zahl wissenschaftlicher Assistenten eine umfangreiche bedeutende Tätigkeit auf dem Gebiet hydrologischer Forschungen. Durch eingehende mehrjährige Untersuchungen wies THIEM die für die Wasserversorgung der Leipziger Bevölkerung erforderlichen Grundwassermengen in der weiteren Umgebung von Leipzig nach. Nach seinen Plänen wurden die verschiedenen Grundwasserwerke der Stadt Leipzig erbaut. Leipzig wurde damit die erste größere Stadt in Deutschland, deren gesamte Wasserversorgung sich ausschließlich auf die Nutzung der im Untergrund verborgenen Grundwasserschätze gründet.

Aber darüber hinaus verdanken mehr als fünfzig andere Städte des In- und Auslandes ihre Grundwasserwerke THIEMschen Forschungen und Planungen.

Bei den hydrologischen Vorarbeiten für die Stadt Straßburg, welche die Untersuchung eines rd. 60 km² großen Grundwasserfeldes im Süden der Stadt zum Gegenstand hatten, entwarf THIEM erstmalig einen *Grundwasser-Höhenschichtenplan*, aus dem Ausdehnung, Gefälle und Strömungsrichtung des Grundwassers ersichtlich sind (Abb. 1).

Seitdem ist die Aufstellung eines solchen Grundwasser-Höhenschichtenplanes für jeden Hydrogeologen und Wasserwirtschaftler bei Durchführung großräumiger hydrologischer Untersuchungen zu einem integrierenden Bestandteil seiner Arbeiten geworden.

Die Urausfertigung dieses ersten Grundwasser-Höhenschichtenplanes wird im Deutschen Museum zu München für die Nachwelt aufbewahrt.

Als weitere klassische Tat auf dem Gebiet der Hydrologie sei das „*Epsilon-Verfahren*" hervorgehoben,

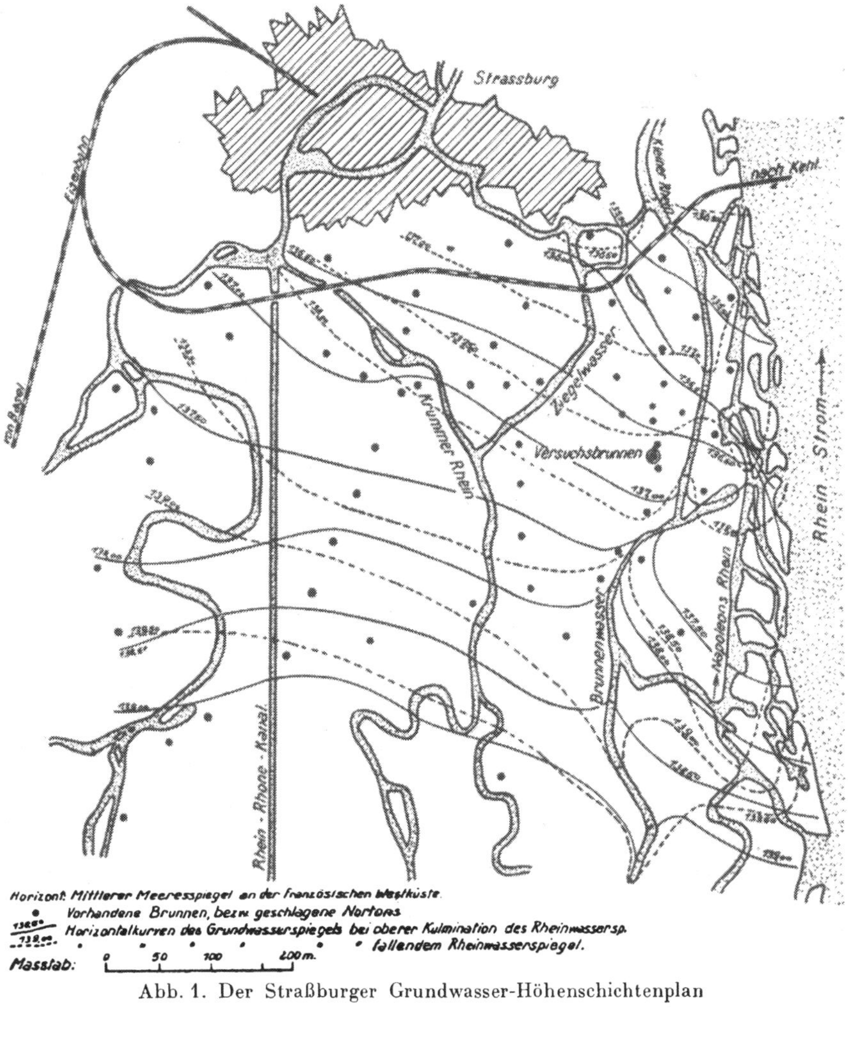


Abb. 1. Der Straßburger Grundwasser-Höhenschichtenplan

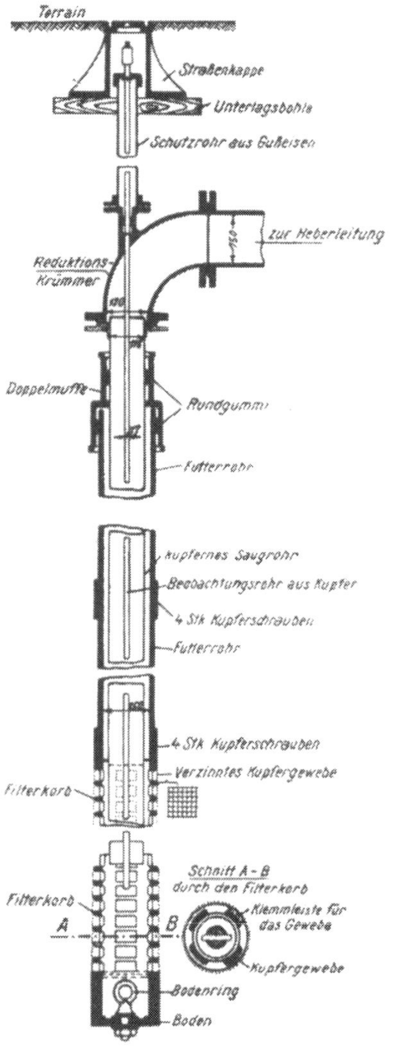


Abb. 2. THIEMscher gußeiserner Rohrbrunnen

das ADOLF THIEM gemeinsam mit seinem Sohn GÜNTHER THIEM bei den hydrologischen Vorarbeiten für die Stadt Prag entwickelte. Unter Anwendung dieses Verfahrens kann die im Untergrund fließende Wassermenge auf induktivem Wege ermittelt werden. Dieses THIEMsche „Epsilon-Verfahren" hat in fast allen europäischen Staaten und in Nordamerika Eingang gefunden. Verwiesen sei hier u. a. auf die Denkschrift von WENZEL: „The THIEM method for determining permeability of water-bearing materials, Water supply paper 679-A, Geological survey, Washington, 1926".

Auch auf dem Gebiet der Grundwasserversorgungstechnik hat THIEM eine große Anzahl von Neukonstruktionen entwickelt. Hervorgehoben sei nur der *THIEMsche gußeiserne Rohrbrunnen*, der erstmalig bei der Wasserversorgung der Stadt Fürth zum Einbau gelangte und seitdem in zahlreichen Städten und Gemeinden zur Gewinnung von Grundwasser dient (Abb. 2).

Seit dem nunmehr vor 50 Jahren erfolgten Hinscheiden dieses bedeutenden Hydrologen ADOLF THIEM werden seine Grundwasserforschungen von seinem Sohn Dr.-Ing. GÜNTHER THIEM fortgesetzt, der auch heute noch dem von seinem Vater gegründeten hydrologischen Büro in Leipzig vorsteht.

Auch GÜNTHER THIEM erfreut sich in der Fachwelt weit über Deutschlands Grenzen hinaus größter Wertschätzung als Hydrologe.

So ist der Name „THIEM" für alle Zeiten untrennbar verbunden mit der Entwicklungsgeschichte der hydrologischen Wissenschaft. Zahlreiche namhafte Hydrologen und Wasserwirtschaftler sind aus der THIEMschen Schule hervorgegangen.

## Literatur

BUSCH, K. F.: Wasserversorgung in Stadt und Landwirtschaft. – B. G. Teubner-Verlagsges., Leipzig 1956.
THIEM, A.: Die Entwicklung der Gleichungen für die Ergiebigkeit von Grundwasserfassungen. – Bohrtechnik-Brunnenbau, Berlin, Heft 5, 1956.
THIEM, G.: Die Grundwasserströme in der Umgebung von Leipzig. – Selbstverlag, 1911.
– Der gußeiserne gewebelose Rohrbrunnen (Thiemscher Ringfilterbrunnen) für Wasserwerke. – Alfred Kröner Verlag, Leipzig 1936.
– Klassische Hydrologie, ein geschichtlicher Rückblick. – Das Gas- und Wasserfach, München, Heft 8, 1951.

# Lesesteine

**Angriff auf die Hydrosphäre**

Das Januarheft der amerikanischen Zeitschrift „Bulletin Atomic Scientists" beschäftigt sich sehr eingehend mit den Auswirkungen der radioaktiven Strahlung auf den Menschen. Die Genetiker sind, wie JAMES F. CROW (S. 22) feststellt, der Ansicht, daß auch die geringste Vermehrung der Radioaktivität in der Atmosphäre zu genetischen Schäden führen muß. Es ist sicher, daß schon jetzt durch den höheren Grad der Radioaktivität in verstärktem Maße Mißbildungen bei Neugeborenen auftreten werden. Außerdem wird bei einer ganzen Reihe von Menschen ein Siechtum eintreten, dessen Ursache man nicht ohne weiteres feststellen kann. Die gefährlichsten Isotope sind Strontium 90 und das noch schlimmere Yttrium 90.

Schon heute ist es so weit, daß – „würde man all die Opfer der Radioaktivität identifizieren und sie gleichzeitig auf einen Raum vereinen können – dies einer furchtbaren (horrible) Tragödie gleichkommt". Man hat auch in den regierenden Kreisen der USA diese verheerende Folge der Atombombenversuche erkannt. Um sie zu verschleiern, ist man auf einen neuen Ausweg verfallen. Man will den radioaktiven Abfall, der überall bei der Verwendung von Kernmaterial entsteht, in Zukunft im Meer versenken. So wird nach diesem amerikanischen Rezept neben der Atmophäre auch noch die Hydrosphäre verseucht werden.

Nach einer Mitteilung der USA-Atomenergie-Kommission soll einer Firma in Burbank (Kalifornien) eine Lizenz erteilt werden, atomares Abfallmaterial zu sammeln und zu beseitigen. Nach Erhalt der Lizenz ist die Gesellschaft ermächtigt, das Material im Meer bei wenigstens 1829 m Wassertiefe zu versenken. „Das Material soll an Stellen versenkt werden, die gemeinsam mit der USA-Küstenwache ausgesucht werden und die außerhalb der normalen Schiffahrtslinien liegen." Nach dem Resumé wird angenommen, daß eine Tiefe von 1829 m genügen würde, damit die Abfallbehälter nicht von den Strömungen des Meeres beeinflußt würden[1]. „Die Verpackung des Abfalls soll derart sein, daß während einer Reihe von Jahren kein radioaktives Material entweichen könnte."

Schon lange gilt für den untergehenden Imperialismus das Rezept: „Nach uns die Sintflut!" Noch niemals ist dieser Standpunkt in so krasser Form zutage getreten wie in dieser Mitteilung der USA-Atomenergie-Kommission. Die alten Herren dieser Kommission meinen, daß es genügen würde, wenn sie für einige Jahre oder Jahrzehnte den radioaktiven Müll unschädlich machten! Was aber später passiert, wenn dieser die Hydrosphäre verseucht und die kommenden

[1] Inzwischen wurde bekannt, daß japanische Forscher im Pazifischen Ozean an Hand exakter Beobachtungen und Messungen Meeresströmungen in über 3000 m Tiefe festgestellt haben.

Generationen durch den Genuß von Fischen und Krebsen ernsthaft gefährdet werden, erscheint ihnen nicht der Beachtung wert.

Daß man in der Mitteilung der USA-Atomenergie-Kommission eine Tiefe von 1829 m als Grenze angibt, bedeutet lediglich den Versuch, durch eine vorgetäuschte Exaktheit die Öffentlichkeit über den Ernst der Situation hinwegzutäuschen. E.

**Man bemüht sich um die Sowjetwissenschaft**

Es mußten zwar 40 Jahre vergehen und es bedurfte eines Sputniks, um die kapitalistische Welt vom Wert der Sowjetwissenschaft zu überzeugen. Heute aber — 5 Minuten vor 12 — kann die Information über die wichtigsten sowjetischen Veröffentlichungen nicht eilig genug erfolgen. Die Abbildung zeigt die Umschlagseiten eines amerikanischen Werbeprospekts. Abgesehen vom hohen Preis ist diese Information sehr wertvoll und wird sich viele Freunde erwerben. Rr.

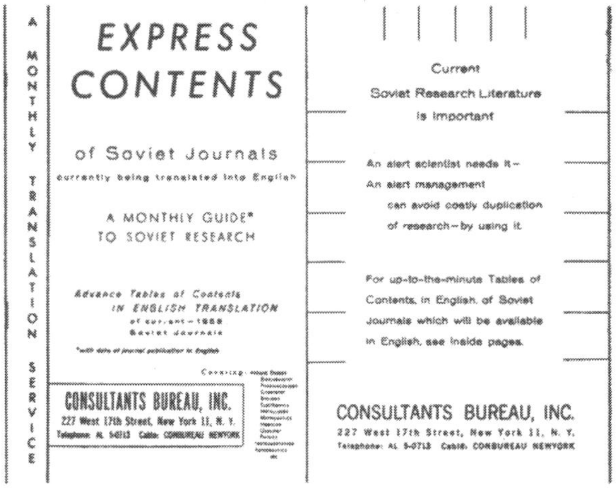


**Es dämmert**

Die in Bad Godesberg erscheinenden „Ostprobleme" beschäftigen sich in Nr. 7 v. 28. 3. 1958 mit dem Wirtschaftswettlauf zwischen der UdSSR und den USA. Sie kommen dabei zu einigen bemerkenswerten Zugeständnissen, die wir unseren Lesern nicht vorenthalten wollen:

„Der Vergleich des Anwachsens der sowjetischen und der amerikanischen Produktion macht deutlich, daß das spezifische Gewicht der UdSSR gegenüber den USA stetig zunimmt." . . . „In der Kohlenproduktion wird die UdSSR den Stand der USA bald erreicht haben, was indessen kein sicheres Zeichen für wirtschaftlichen Fortschritt ist. Die Kohlenproduktion wird in den USA schon lange nicht mehr ausgebaut, weil an die Stelle von Kohle billigere und effektivere Brennstoffe getreten sind. Folglich ist hier nicht das Anwachsen, sondern der Rückgang der Produktion der teuren Kohle der Maßstab für den Fortschritt." . . . „Von weit größerer Bedeutung ist jedoch die Tatsache, daß die UdSSR hinsichtlich einiger Erzeugnisse des Maschinenbaus nahe an das amerikanische Niveau herankam. So wurden beispielsweise 1950 in den USA 130434 und 1954 insgesamt 164060 metallverarbeitende Maschinen hergestellt. Die UdSSR produzierte in den entsprechenden Jahren 70600 und 102400 Maschinen dieser Art, also 54,1 bzw. 62,4 Prozent gegenüber der amerikanischen Produktion. Im Bau von Eisenbahngüterwagen erreichte die UdSSR 1950 52,8% und 1954 62,3% des amerikanischen Niveaus. Das Kapital wird in der UdSSR bedeutend intensiver ausgenutzt als in den USA. Während die amerikanischen Fabriken in Friedenszeiten in einer Schicht arbeiten, wird in der UdSSR ständig in zwei und sogar drei Schichten gearbeitet." . . .

Die „Ostprobleme" stellen dann weitere Berechnungen an, wobei sie voraussetzen, daß die USA von einer größeren und längeren Krise verschont bleiben und die Zuwachsraten in der UdSSR eine sinkende Tendenz aufweisen würden. Da wahrscheinlich die Entwicklung in umgekehrter Richtung verlaufen wird, haben diese spekulativen Berechnungen der „Ostprobleme" kein ernsthaftes Fundament.

Wir hoffen, daß sich die „Ostprobleme" weiter mit dem Wirtschaftswettlauf befassen werden und dabei in Zukunft noch zu klareren Ergebnissen kommen werden, als sie sie bisher publiziert haben. E.

# Besprechungen und Referate

WASSOJEWITSCH, N. B.

**Bemerkungen zur Terminologie, die bei der Bezeichnung von Stadien und Etappen der Lithogenese angewandt wird**

Sammelband „Geologie und Geochemie" (I/VII), Ausgabe des Wissenschaftlichen Forschungsinstituts der UdSSR für geologische Erkundung (WNIGRI), Gostoptechisdat, 1957, S. 156—176

In der Lehre von der Lithogenese, die sich mit der Entstehung der Sedimentgesteine befaßt, ist im sowjetischen Schrifttum hinsichtlich der Anwendung der termini technici noch keine Einheitlichkeit erreicht worden. N. B. WASSOJEWITSCH zeigt an Hand vieler, dabei nicht einmal besonders gesuchter Beispiele, daß verschiedene Autoren dieselben Ausdrücke in ganz verschiedenem Sinne gebrauchen; dadurch ergeben sich oft Mißverständnisse. Zur Vermeidung dieser Unklarheiten schlägt er ein Schema vor, welches die Stadien, Unterstadien und Etappen der Lithogenese anschaulich zeigt und mit eindeutigen Ausdrücken belegt.

Der Autor analysiert kritisch die Definitionen von A. E. FERSMAN, M. S. SCHWEZOW, L. W. PUSTOWALOW, M. M. KONSTANTINOW und L. B. RUCHIN, ferner werden einige amerikanische Geologen (TWENHOFEL, RUSSEL, WHITE) zitiert.

JOH. WALTHER hatte seinerzeit sieben Phasen der Lithogenese (Sedimentgesteinsbildung) unterschieden: Verwitterung, Ablation, Transport, Korrosion, Ablagerung, Diagenese und Metamorphose; er faßte ferner Ablation, Transport und Korrosion unter dem Begriff „Denudation" zusammen, so daß sich unter diesem Gesichtspunkt 5 Phasen ergaben. 1922 führte A. E. FERSMAN in seiner „Geochemie Rußlands" die Begriffe „Hypergenese" und „Katagenese" ein. Nach Meinung von N. B. WASSOJEWITSCH ließ A. E. FERSMAN bei der Definition seiner Begriffe gewisse Unklarheiten zu, so daß gerade bei dem Begriff „Hypergenese" mehrere Deutungen möglich sind (Hypergenese im engeren und im weiteren Sinne).

Für die geglückteren Definitionen hält N. B. WASSOJEWITSCH folgende: 1. „Angleichung der früher herausgebildeten geochemischen Gleichgewichte an die neuen, die dem originellen Medium an der Erdoberfläche entsprechen;" (der Ausdruck „geochemische Gleichgewichte" ist hier als Synonym der Gesteine zu verstehen, die durch Diagenese, Katagenese und — nicht unbedingt! — Metamorphose entstanden sind). 2. „Unter dem Begriff Hypergenese sind die Veränderungen unter dem Einfluß des Klimas und der an der Erdoberfläche erfolgenden Reaktionen zu verstehen." Die kürzeste und klarste ist die von den Herausgebern seiner „Ausgewählten Werke" gegebene: „Die Hypergenese bezeichnet die an der Oberfläche erfolgenden Veränderungen der Gesteine und Mineralien in der Verwitterungsrinde und der Biosphäre". Es sei hier am Rande noch darauf hingewiesen, daß die Begriffe „supergen" (im amerikanischen Schrifttum gebräuchlich) und hypergen identisch sind.

Wir haben diese drei Formulierungen deshalb so ausführlich gebracht, weil A. E. FERSMAN an einer Stelle auch die Bodenbildung und die Bildung neuer Sedimente einbezog, an anderer Stelle nur die Verwitterung kristalliner Gesteine darunter verstanden wissen wollte.

Der Begriff der Diagenese wurde auch nicht immer richtig angewandt. N. B. WASSOJEWITSCH kritisiert M. S. SCHWEZOW, der die Ansichten von TWENHOFEL unexakt wiedergab, wodurch der Eindruck einer Gegensätzlichkeit der Ansichten von JOH. WALTHER, K. ANDRÉE und TWENHOFEL entstehen konnte, die nicht vorhanden ist.

N. B. WASSOJEWITSCH tritt dafür ein, den zu Unrecht etwas in Vergessenheit geratenen Begriff „Katagenese" A. E. FERSMANs zur Kennzeichnung der zwischen Diagenese und Metamorphose vor sich gehenden Prozesse wieder stärker zu betonen. Er hält ferner die Bezeichnungen „Syngenese" für das Stadium der Frühdiagenese und „Epigenese" für das Stadium der Spätdiagenese, die von L. W. PUSTOWALOW eingeführt wurden, für nicht geglückt, welcher Ansicht man sich anschließen kann, da gerade diese beiden Begriffe üblicherweise einen ganz anderen Inhalt haben, als hier vorgeschlagen wird.

Fraglich erscheint, ob der von N. B. WASSOJEWITSCH statt Metamorphose vorgeschlagene Begriff Metagenese eine Verbesserung bedeutet.

Viele Beispiele, die in dieser Arbeit, die ausschließlich terminologischen Fragen gewidmet ist, gebracht werden (syngenetisch -- synchron usw.), können im Rahmen dieses Referats nicht behandelt werden. W. OESTREICH

HARTWIG, G.

**Zur Feinstratigraphie des Staßfurtlagers in der Thüringer Mulde**

Kali und Steinsalz, Bd. 2, H. 6, S. 206—210

In dieser Abhandlung wurde das Manuskript „Das Gerippe der Volkenroda-Pöthener Kä-Region und seine substantielle Auskleidung, ein Beitrag zur Vertaubung der Südharzkalilager (1935)" verarbeitet und unter Mitwirkung von H. ROTH, Kassel, aus dem Nachlaß des Verfassers veröffentlicht. Der Verfasser gibt eine stratigraphische Gliederung des Staßfurt-Kalilagers vorwiegend nach Lösern. In einer gegenüberstellenden Betrachtung von Profilschnitten untersucht er die Kaliführung innerhalb gewisser Leithorizonte (Löser), die er als „Gitter" durch das Kalilager legt.

Die angewandte Löserstratigraphie schien Verfasser wohl bei der Untersuchung der Kaliführung zweckentsprechend; leider sind aber die Löser ohne Hinzuziehung der Steinsalzleitbänke schwer zu identifizieren und weniger zuverlässig. Eine stratigraphische Gliederung nach Steinsalzleitbänken ist besser und mit größerer Sicherheit durchzuführen, weil die Steinsalzbänke makroskopisch erkennbare typische Merkmale besitzen, wobei natürlich auch die Löser Verwendung finden können.

Ref. ist der Meinung, daß eine Untersuchung der Kaliführung in den einzelnen Leitbänken und Zwischenmitteln eine wesentlich exaktere und differenziertere Methode zur Klärung der Genese der Lagerstätte darstellt.

Die Löser sind zwar, wenn sie als solche auftreten, deutlich hervortretende Schichten, weshalb auch der Bergmann geneigt ist, sie als Orientierungshorizonte zu benutzen, doch lassen sie sich schwer voneinander unterscheiden. Als makroskopisches Erkennungsmerkmal der Löser kann die Mächtigkeit und bei Ausbildung als Firstlöser können eventuell Harnische und Netzleisten als Merkmale herangezogen werden. Da aber die Substanzführung (Ton- und Anhydritgehalt) wie auch die Mächtigkeit der Löser sehr wechselhaft sind, muß ihre Ausbildungsform als weitgehend inkonstant betrachtet werden. Es wurde in den Schachtanlagen Volkenroda-Pöthen vielerorts beobachtet, daß mitunter über 2 cm starke Tonlöser an anderer Stelle zu einem oder mehreren dünnen anhydritischen Streifen reduziert sind.

Die Löser dürften somit als alleinige stratigraphische Leithorizonte von geringerer Bedeutung sein, da auch für regional stratigraphische Untersuchungen im Staßfurtkalilager in erster Linie die Steinsalzbänke von Bedeutung sind.

HARTWIGs Leithorizonte lassen sich wie folgt einordnen: Der Hauptlöser entspricht dem Basislöser von Steinsalzbank 13 nach SCHÜTZE[1]) bzw. der 10. Unstrutbank nach CARIUS[2]).

Steinsalzbank r wäre Steinsalzbank 12 (n. SCHÜTZE) gleichzusetzen.

Mit dem Pöthenlöser konnte nur der obere Löser im Zwischenmittel von Bank 11 und 11a (n. SCHÜTZE) bzw. der 9. Unstrutbank (n. CARIUS) parallelisiert werden.

Die Volkenroda-Steinsalzbank ist ohne Zweifel Steinsalzbank 11 (n. SCHÜTZE) bzw. 9. Unstrutbank (n. CARIUS); sie wurde außerdem vom Ref. als Leitbank für das Nivellement von LIER sicher erkannt.

Beim Zweifachlöser kann es sich um die beiden Tonanhydritstreifen oberhalb der Steinsalzbank 10 (n. SCHÜTZE) bzw. oberhalb der 8. Unstrutbank (n. CARIUS) handeln.

Die Einordnung der übrigen bei HARTWIG angeführten Löser ist schwerlich durchzuführen, da die angegebenen Profilpunkte nicht mehr zugänglich sind und die Identifizierung der Löser an anderer Stelle ein Wagnis ist.

Obwohl eine Löserstratigraphie bei makroskopischen Merkmalen nicht die erforderliche Zuverlässigkeit bietet, muß vorliegende Arbeit als sehr exakt und gründlich angesprochen werden. Mit Hilfe des durch die Hauptleithorizonte gegebenen Gitters stellte Verfasser fest, daß obere und untere Grenze der Kaliführung innerhalb stratigraphisch gleicher Schichten stark wechseln.

Aus der Gegenüberstellung vollentwickelter Hartsalzprofile zu stark reduzierten und völlig vertaubten Profilen in tektonischen Störungsbereichen ergibt sich eine verschiedenartige „substantielle Ausfüllung des Lagergitters", die nicht als syngenetischer Fazieswechsel aufgefaßt werden kann, sondern vom Verfasser als sekundäre Materialentführung erklärt wird.

Hierbei ist zu erkennen, daß halitische Entwicklung und Mächtigkeitsreduzierung in einem proportionalen Verhältnis stehen; daß also mit abnehmender Kaliführung im Schichthorizont auch die Leitschichten enger zusammenrücken. Eine bedeutende Reduzierung erfahren hierbei die Zwischenmittel zwischen den Steinsalzbänken, im besonderen die Schichtfolge oberhalb der Steinsalzleitbank 13, d. h. oberhalb des Hauptlösers.

Das im Sattelkopf des Entenschnabels (eine nordvergente Falte im Bereich der Störungszone des Schlotheimer Grabens) angestaute Hartsalz und die in den Sattelflanken auftretende Vertaubung deutet HARTWIG als eine durch die Tektonik bedingte Metasomatose. Er führt dieses Beispiel als Argument an gegen die Meinung, daß der Gesteinscharakter des Lagers maßgeblich sei für seine Tektonik.

HARTWIG ist geneigt, dem Decksteinsalz eine Selbständigkeit als stratigraphischen Horizont nicht zuzuschreiben, das steht auch im Einklang mit Beobachtungen des Ref. — Ref. möchte dies damit begründen, daß charakteristische Steinsalzleitbänke wie auch Kaliführung bis unmittelbar unter dem Deckanhydrit ausgebildet sein können, strukturell also keine Trennung zu ziehen ist. G. WALGER

[1]) Mineralogisch-petrographische Untersuchung der Kaligrube Pöthen — Diplomarbeit von ROLF SCHÜTZE, 1957, Werksakten.
[2]) Beiträge zur Stratigraphie und Tektonik des Kaliwerkes Volkenroda-Pöthen — Diplomarbeit von SCHARNHORST CARIUS, 1956, Werksakten.

CROWELL, J. C.

**Origin of pebbly mudstones**

Bull. geol. Soc. Amer. 68, Nr. 8, S. 993—1010, 11 Abb., 4 Taf., 1957

Die regellose Einstreuung von Geröllen in feinklastischer Grundmasse ist eine aus vielen geologischen Formationen bekannte Erscheinung. Die Entstehung solcher schlecht sortierten Gesteine, die sich von Konglomeraten durch den hohen Anteil von feinkörniger Grundsubstanz unterscheiden, kann auf verschiedene Ursachen zurückgeführt werden.

Der Verf. untersucht vier Vorkommen von geröllführenden marinen Tonsteinen in Kalifornien, der Schweiz und Bayern. Die kalifornischen Gesteine bilden linsenförmige Lager mit Gleitstrukturen, in denen kleine „Gleitüberfaltungen" (slump overfolds, hakenförmige Verbiegungen von Sedimentbruchstücken, aus deren Lage die Gleitrichtung zu ermitteln ist) gefunden werden. Die umgebenden Gesteine mit load casts, graded bedding und anderen primären Strukturen weisen auf eine Ablagerung durch turbidity currents hin. Die Geröllagen selbst werden folgendermaßen erklärt: „Lagen von graduierten Konglomeraten, abgelagert auf einem weichen wassergesättigten Ton, wurden instabil, rutschten hangabwärts und mischten Gerölle und Ton." Auch die Entstehung zweier Vorkommen von Wildflysch in den Alpen wird auf submarine Gleitung zurückgeführt. Turbidity currents, submarine Rutschungen und selbst große Gleitungen tektonischer Einheiten sind verschiedene Größenordnungen unter dem Einfluß der Gravitation sich vollziehender submariner Massenbewegungen. Der Verf. meint, daß ein Teil der bisher als „Tillite" gedeuteten Gesteine bei kritischer Untersuchung ebenfalls auf solche Gleitungen zurückgeführt werden könnte. Als weitere Möglichkeiten zur Entstehung geröllführender Tonsteine werden Eisdrift, Verdriften durch Tiere und Pflanzen, selektive Verwitterung von polymikten Konglomeraten, terrestrische Schlammströme und Gleitung einzelner Blöcke diskutiert. Sl.

SCHNITZER, W. A.

**Die Quarzkornfarbe als Hilfsmittel für die stratigraphische und paläogeographische Erforschung sandiger Sedimente**

(gezeigt an Beispielen aus Ostbayern). — Erlanger geol. Abh., H. 23, 1957

Untersuchungen der Quarzkornfarbe an einigen zersetzten ostbayerischen Graniten (u. a. des Epprechtstein-, Schneeberg-, Steinwald- und Flossenburger Granits) mit Hilfe der OSTWALDschen Farbenskala zeigen, daß sich die einzelnen Plutone in ihrer Quarzfärbung unterscheiden. Diese Feststellung läßt vermuten, daß sich diese Unterschiede auch in höheren Erosionsniveaus der Plutone finden und entsprechend in den ihnen korrelaten Beckensedimenten auftreten. Damit hätte die Ermittlung der Quarzkornfarbe ähnlich der Schwermineralbestimmung stratigraphischen und paläogeographischen Aussagewert, der durch Untersuchungen im Buntsandstein und Keuper Ostbayerns überprüft wird.

Die Ergebnisse der Analysen zeigen, daß sich die Quarzkornfarben für eine stratigraphische Untergliederung eignen. Im allgemeinen deckt sich die Veränderung der Quarzkornfarben mit dem Wechsel der Schwermineralassoziationen. In einigen Fällen lassen sich erstere sogar besser für die stratigraphische Gliederung verwenden als die Schwermineralien. So läßt sich zum Beispiel der Hauptbuntsandstein zwischen Profil Hirschau im Südwesten und Profil Weiden im Nordosten des untersuchten Gebiets vom Oberen Buntsandstein durch die Farben der Quarzkörner sicherer unterscheiden als durch die Schwermineralführung (schwankender Granatgehalt infolge unterschiedlicher Verwitterung). Die Quarze des Hauptbuntsandsteins (einschließlich des Kulmbacher Konglomerats) sind durchweg dunkelbeige gefärbt, die des Oberen Buntsandsteins graugelb bis graubraun.

Eine Unterscheidung des Rhätsandsteins vom liegenden Burgsandstein in NO-Bayern ist nach HAUNSCHILD (Geol. Bl. NO-Bayern, 7, 1957) schwermineralanalytisch nicht möglich. Beide Schichten führen eine Zirkon-Turmalin-Rutil-Assoziation. Mit Hilfe der Quarzkornfarbe lassen sich jedoch beide unterscheiden. Der Rhätsandstein besitzt vorwiegend hellgraue, der Mittlere und Obere Burgsandstein graugelbliche Quarzkörner.

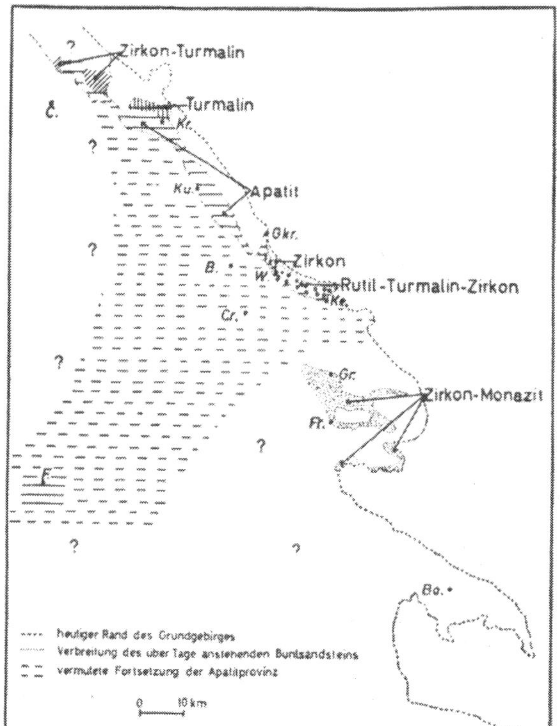


Mineralprovinzen im Kulmbacher Konglomerat

**B = Bayreuth, Bo = Bodenwöhr, C = Coburg, Cr = Creussen, F = Fürth, Fr = Freihung, Gkr = Goldkronach, Gr = Grafenwöhr, Ke = Kemnath, Kr = Kronach, Ku = Kulmbach, W = Weidenberg.**

In paläogeographischer Hinsicht decken sich die Befunde der Schwermineral- und Quarzkornfarben-Untersuchungen im oberfränkisch-oberpfälzischen Buntsandstein weitgehend. So konnten im Kulmbacher Konglomerat durch Schwer- und Leichtmineralanalysen verschiedene Sedimentfächer festgestellt werden, die sich auch auf Grund ihrer Quarzkornfarben aushalten lassen (Abb.).

Folgende Quarzkornfarben wurden nach der OSTWALDschen Farbenskala in den einzelnen Schwermineralprovinzen festgestellt:

| Mineralprovinz | Farbwert |
|---|---|
| Zirkon — Monazit | 13 hg |
| Rutil — Turmalin | 08 he |
| Zirkon | 13 he |
| Apatit | 13 ge |
| Turmalin | nicht unterscheidbar, |
| Zirkon — Turmalin | ähnlich Apatitprovinz |

Die Ursachen der verschiedenartigen Quarzkornfarben sind noch nicht völlig geklärt. Flüssigkeits-, Gas- und Mineraleinschlüsse unterschiedlicher Anzahl und Größe sowie Rissigkeit und radioaktive Einwirkungen können zur Erklärung herangezogen werden. Inwieweit eine Farbänderung durch die Fazies, Diagenese und klimatische Einwirkungen eintreten kann, ist noch zu prüfen.

Die Methode zur Bestimmung der Quarzkornfarbe ist relativ einfach. Es werden die Feldspäte und Glimmer der Fraktion 2—1 mm entweder mit Hilfe einer Lupe ausgelesen oder durch Behandlung mit einer geeigneten Mischung von Azetylentetrabromid oder Bromoform mit leichteren organischen Lösungsmitteln abgetrennt. Zur Entfernung von Tonhäutchen, Eisen- und Manganverbindungen wird das Quarzkonzentrat 30 Minuten in konzentrierter HCl gekocht.

Schwieriger ist die genaue Bestimmung der Kornfarbe mit Hilfe der OSTWALDschen Farbenskala, da bei Körnern der Fraktion 2—1 mm ∅ kein einheitliches Farbbild entsteht. Treten verschieden gefärbte Quarze auf, ist zunächst der Gesamtfarbeindruck des Präparats festzustellen und danach die Farbwerte der einzelnen Quarzkörner.

Auf Grund der vorliegenden Untersuchungen kann gesagt werden, daß die Bestimmung der Quarzkornfarbe im Verein mit der Schwermineraluntersuchung die Deutungsmöglichkeit sedimentologischer Befunde einschränkt und dadurch sichere Aussagen über stratigraphische und paläogeographische Fragestellungen ermöglicht. G. LUDWIG

BERSON, I. S.

**Die Hochfrequenzseismik**

Verlag der Akademie der Wissenschaften der UdSSR, Moskau 1957

Dieses Buch bringt eine ausführliche Darstellung der physikalischen Grundlagen sowie der Methodik der hochfrequenten seismischen Bodenuntersuchungen und faßt die Erfahrungen und das gesammelte Material auf diesem Gebiet weitgehend zusammen. Der Autor gliedert sein Werk in drei Teile.

Im ersten Teil werden die Grundlagen zur Schaffung der hochfrequenten seismischen Untersuchungsmethoden behandelt. In diesem Zusammenhange wird ein kurzer Überblick über die Abhängigkeit der Absorptionskoeffizienten seismischer Wellen von ihrer Frequenz gegeben. Anschließend folgt ein Kapitel über die Anforderungen an die Frequenzcharakteristiken der zur Registrierung notwendigen Apparaturen. Weiterhin folgt eine Abhandlung über die Anwendung der Hochfrequenzseismik bei Parametermessungen von Geschwindigkeiten auf kleinen Basen unter natürlichen Bedingungen. Recht ausführlich wird auch die Beobachtungsmethodik und die Methodik der Interpretation sowie die Analyse der Resultate von Geschwindigkeitsmessungen unter verschiedenen seismogeologischen Bedingungen gebracht.

Der zweite Teil des Buches ist den Untersuchungen mit Hilfe der Hochfrequenzseismik in Regionen mit horizontaler Schichtung gewidmet. Hier wird auch eine theoretische Betrachtung der Frage des Auflösungsvermögens für Refraktions- und Reflexionswellen verschiedener Frequenz, die durch unterschiedliche Schwingungsdauer charakterisiert sind, angestellt. Des weiteren wird eine Analyse der Registrationsdaten hochfrequenter Refraktionswellen von Grenzschichten in geringen Tiefen ($H \leq 20$ m) sowie auch eine Analyse von Refraktions- und Reflexionswellen aus mittleren Tiefen ($20 \text{ m} < H \leq 300$ m) gebracht. Auf der Grundlage dieser Untersuchungen über die Besonderheiten dieser Methode werden eine Reihe Schlußfolgerungen über die Untersuchungen in derartigen Medien und über die Ausbreitung hochfrequenter Wellen bei horizontaler Schichtung gemacht.

Der dritte Teil legt die hochfrequenten seismischen Untersuchungsmöglichkeiten bei vertikaler Schichtung dar. Hier werden einige interessante Fragen der geometrischen Seismik sowie einiger dynamischer Besonderheiten behandelt. Bei der Darlegung der Methodik der Untersuchungsarbeiten unter den oben genannten Bedingungen wird besondere Aufmerksamkeit der Analyse der dynamischen Besonderheiten der Refraktionswellen und der Aufklärung ihrer Natur geschenkt.

Es muß gesagt werden, daß eine ganze Reihe von Fragen, die im Rahmen dieses Werkes betrachtet werden, auch von großem Interesse für die seismischen Untersuchungsmethoden auf dem Gebiet der mittleren und niederen Frequenzen sein dürften. HEINZ BARTZSCH

HUGHES, N. F.

**The age of the English Wealden**

Geol. Magaz. XCV. 1, S. 41—49, 1958

Mit Hilfe von nur 13 Mikro-, 10 Megasporen- und zwei Pollenarten gliedert der Verfasser den überwiegend terrestrisch ausgebildeten Purbeck-Wealdenkomplex, der bis dahin als fossilfrei betrachtet wurde, und parallelisiert ihn mit der marinen Unterkreide von Lincolnshire. Durch das Auftreten einzelner Sporenarten sowie durch ihre maximale Entfaltung legt der Verfasser die Grenzen zwischen Unter-/Oberpurbeck, Oberpurbeck/Berrias, Berrias/Valendis, Valendis/Hauterive fest. Es gelang ihm jedoch nicht, die Grenzen zwischen Hauterive und Barrême zu ermitteln, da auch die entsprechenden marinen Ablagerungen in England noch nicht stratigraphisch völlig geklärt sind. Im oberen Barrême setzt eine Form ein, die den Lower Greensand von den liegenden Wealdenschichten trennt. Die Übergangsschichten Apt/Alb werden durch eine weitere Art gekennzeichnet, deren stratigraphische Reichweite aber noch nicht ganz sicher erscheint. Bereits beschriebene Megasporen aus den Wealdenablagerungen der Niederlande und Deutschlands werden mit britischen verglichen und in die Stufen Berrias—Valendis bzw. den Zeitabschnitt Purbeck bis Valendis eingegliedert. Der Verfasser weist darauf hin, daß neben den wenigen für die Grenzmarkierung benutzten Arten noch eine große Anzahl von Formen vorhanden ist, die aber noch nicht restlos beschrieben sind. Da die Sporomorphen durch ihre Drift- und Flugfähigkeit alle Faziesbereiche einnehmen, sind sie besonders gut für Korrelationen zwischen terrestren und marinen Ablagerungen geeignet. Die Schwierigkeiten hinsichtlich der systematischen Zuordnung zahlreicher Sporen beeinträchtigen nicht ihren Wert als Leitfossilien.

Der Verfasser bringt keinerlei Beschreibung und Abbildung der in der Arbeit genannten Sporomorphen. Diesbezüglich wird für Mikrosporen auf die Arbeit von COUPER (1958) und für Megasporen auf die von DIJKSTRA (1951) verwiesen.

Eine auf den Sporenuntersuchungen basierende Tabelle vermittelt einen Überblick über die unterkretazischen Ablagerungen Englands. HARRY DÖRING

COUPER, R. A.

**British Mesozoic microspores and pollen grains**

Palaeontographica B. 103, Lief. 4—6, S. 75—179, 16 Taf., 11 Zeichn., 12 Tab., Stuttgart 1958

Die vorliegende Veröffentlichung stellt eine moderne systematische Beschreibung jurassischer und unterkretazischer Sporen und Pollen dar. Obwohl die Untersuchungen nur auf Großbritannien beschränkt sind, ist die Arbeit auch von grundlegender Bedeutung für die Gliederung der mitteleuropäischen mesozoischen Ablagerungen.

Bevor der Verfasser die dispersen Sporomorphen behandelt, gibt er einen Überblick über die aus dem Mesozoikum bereits beschriebenen und noch im natürlichen Zusammenhang mit den Mutterpflanzen gefundenen 88 Sporen- und Pollenarten („associated spores and polles"), unter Berücksichtigung von Synonymen. Er betont, daß die Morphologie dieser Formen weitgehend mit der Klassifikation der Mutterpflanzen übereinstimme. Unter Verwendung der morphologischen Einteilung R. POTONIÉs werden sodann 66 „Arten" disperser Sporomorphen abgehandelt und dabei 11 neue „Gattungen" und 48 neue „Arten" aufgestellt. Insgesamt 40 „Arten" stellt der Verfasser zu Familien oder höheren taxionomischen Einheiten rezenter oder fossiler Pflanzen; der Rest läßt noch keine nähere botanische Einordnung zu.

Die untersuchten Sedimentproben (insg. 100) entstammen dem Oberlias, Dogger und Malm von Yorkshire, dem Oberjura und der Unterkreide des Wealden-Distriktes, der Insel Wright und von Dorset, ferner dem Mitteljura und Oberjura von Schottland und dem Mitteljura von Mittelengland. Ein Standardprofil, das den gesamten Schichtenkomplex von den oben erwähnten ersten 4 Lokalitäten umfaßt, wird mit den noch stratigraphisch fraglichen Schichten korreliert.

Dieses erfolgt: 1. mit Hilfe von Leitformen („key forms", Formen, die nur in einem bestimmten stratigraphischen Bereich auftreten) und 2. durch den Wechsel der relativen Häufigkeit („relative abundance") bestimmter Formen.

Folgende Schichten des Standardprofils werden von COUPER sporenpaläontologisch unterschieden: Lias, Lower Deltaic (= unt. Bajoc.), Sycarham Beds (= unt. Middle Deltaic = mitt. Bajoc.), Gristhorpe Beds (= ob. Middle Deltaic = mitt. Bajoc.), Upper Deltaic (= Bath.), Oxford Clay, Purbeck Beds, Wealden und Lower Greensand.

Referent ist der Meinung, daß die stratigraphische Gliederung des Mesozoikums, insbesondere des Doggers, wie es in der vorliegenden Arbeit für Großbritannien erfolgt ist, bald auch für das Gebiet der DDR Anwendung finden könnte und sollte.

Die tabellarischen Darstellungen vermitteln einen klaren Überblick über die Verteilung und relative Häufigkeit der Sporomorphen. Für die einzelnen Schichten werden zunächst die Leitformen mit ihrer prozentualen Häufigkeit unter Berücksichtigung der Anzahl der jeweils untersuchten Proben aufgetragen. Ebenso wird die relative Häufigkeit bestimmter Arten oder Artengruppen kurvenmäßig wiedergegeben. Es folgen dann Tabellen mit der relativen Häufigkeit sämtlicher Sporomorphen für die einzelnen Schichten.

Die Fotografien der Sporen und Pollen sowie ihre drucktechnische Wiedergabe sind gut, wobei mit ∅ v = 800× auch eine genügende Vergrößerung gewählt worden ist. HARRY DÖRING

**Die indische Kohle und ihre Zukunft**

„Bergbautechnik", H. 4/1958

Nach der Erringung seiner Unabhängigkeit macht Indien große Anstrengungen, um seine wirtschaftliche Rückständigkeit zu überwinden. So will es im 2. Fünfjahrplan seine Industrie stark entwickeln, wofür selbstverständlich die Erschließung von neuen Energiequellen notwendig ist.

Der gesamte jährliche Energiebedarf beträgt z. Z. (in Steinkohle umgerechnet) $142 \cdot 10^6$ t, d. h. knapp 400 kg je Kopf der Bevölkerung. Hiervon stammen 68% aus tierischen und pflanzlichen Stoffen (interessant ist, daß getrockneter Kuhmist der wichtigste Brennstoff in diesem rückständigen Lande ist). Aus der Kohle und ihren Produkten werden nur 26%, aus Wasserkraftanlagen 1,8% und aus Erdölprodukten 5,4% der Energie gewonnen. Nach den Planziffern soll in den kommenden Jahren das Schwergewicht der Elektroenergieerzeugung bei den Wasserkraftwerken liegen. Da aber Indien bedeutende und relativ einfach abzubauende Kohlenvorkommen besitzt, wird Kohle noch für lange Zeit der entscheidende Faktor in der Energieversorgung sein.

Steinkohlenbergbau wird in Indien seit 1777 betrieben. 1900 wurden $6 \cdot 10^6$ t gefördert. Von einigen Unterbrechungen während der Krisenzeiten 1920 und 1930 sowie im zweiten Weltkrieg abgesehen, stieg die Förderung nach 1900 ständig an. Im Jahre 1956 betrug die Steinkohlenförderung $38 \cdot 10^6$ t. Bis 1961 ist eine Steigerung um jährlich $4{,}4 \cdot 10^6$ t auf $60 \cdot 10^6$ t vorgesehen. Aus staatlichen Betrieben kommen gegenwärtig nur $9\% = 3 \cdot 10^6$ t der Förderung.

Die bedeutendsten indischen Vorkommen liegen im nordöstlichen bzw. zentralen Teil des Landes an den Flüssen Damodar, Mahanadi, Godavari und Wardha und gehören dem unteren Gondwana an (einer Formation, die unserem Karbon und Perm entspricht). Sie liefern 98,5% der gegenwärtigen Produktion fester Brennstoffe, und zwar vorwiegend Flamm- und Fettkohle. Die Kohle ist aber nur zu einem geringen Teil für die Verkokung geeignet. Kleinere Vorkommen tertiärer Steinkohle befinden sich südlich des Himalaya bei Assam und Pundjab. Im Staate Madras liegt bei South-Arcot-Bikaner ein ausgedehntes, allerdings noch

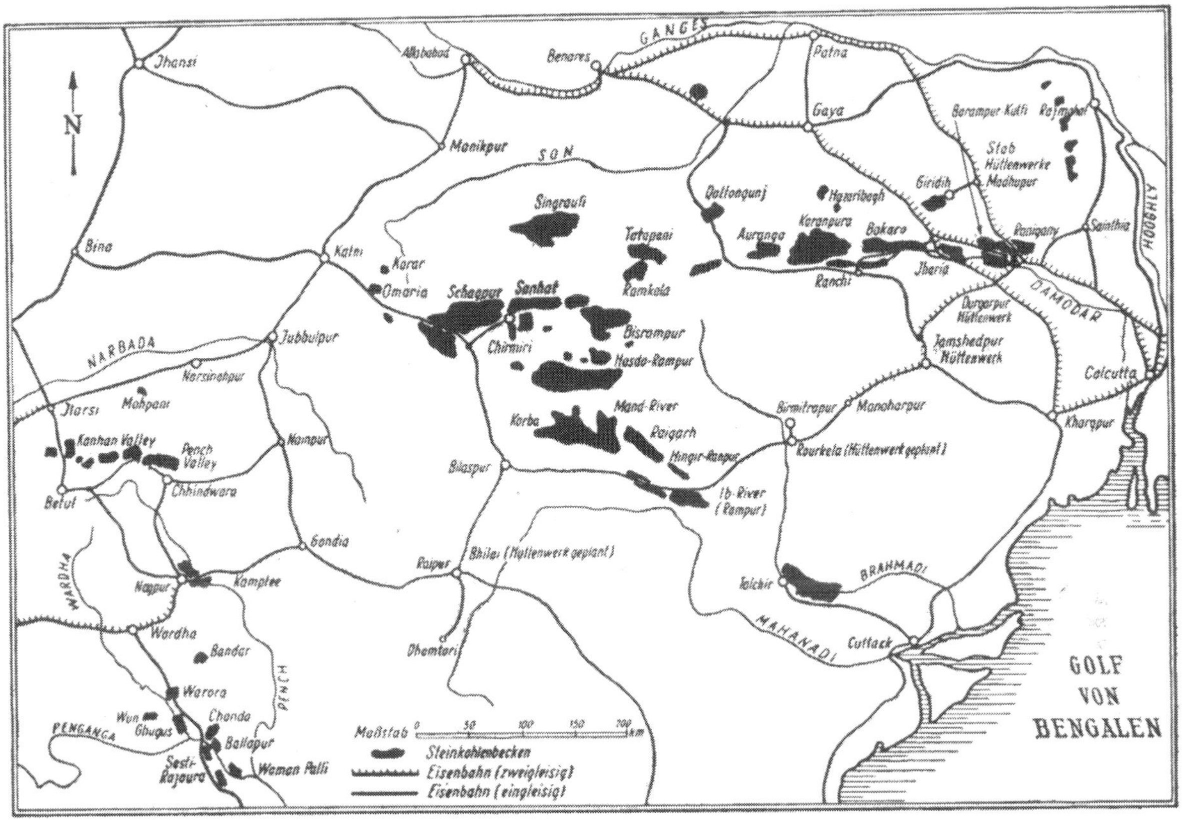


Übersichtskarte der Indischen Union mit den wichtigsten Kohlenrevieren (aus „Bergbautechnik", H. 4/58)

unerschlossenes „Lignitvorkommen". Weitaus wichtiger sind die etwa 200 km nordwestlich Kalkutta gelegenen Reviere von Jharia mit 450 km² und Ranigandsch (Westbengalen) mit 1500 km² Ausdehnung. 1955 betrug die Förderung rd. $13{,}27 \cdot 10^6$ bzw. $11{,}34 \cdot 10^6$ t. In diesen beiden Revieren ist bis 1961 ein Anstieg der Förderung auf $16{,}7 \cdot 10^6$ bzw. $18{,}16 \cdot 10^6$ t geplant. Beide Lagerstätten zeigen einen gleichartigen geologischen Aufbau. Das sog. Barakar-Steinkohlengebirge wird 600 m mächtig und enthält insgesamt 60 m Steinkohle ausgezeichneter Qualität. Sie ist teilweise verkokbar.

Schiefer und Sandsteine überlagern das sog. Barakar-Steinkohlengebirge. Das im Hangenden folgende Ranigandsch-Steinkohlengebirge enthält nur flach lagernde Flöze geringerer Bedeutung.

Über die Eigenschaften der Kohle des Gebietes von Jharia liegen folgende Angaben vor: Der Aschegehalt schwankt zwischen 10 und 26%. Im Mittel liegt er zwischen 13—15%. Der Wassergehalt beträgt 1,2—2,1%, die flüchtigen Bestandteile 18—29%. Der Heizwert schwankt zwischen 6400 und 7800 kcal. Diese Eigenschaften beziehen sich jedoch nur auf neun Flöze. Neun weitere Flöze werden als z. Z. nicht bauwürdig betrachtet. Interessant hierbei ist, daß bei sämtlichen indischen Berechnungen Flöze unter 1,2 m Mächtigkeit und in mehr als 600 m Tiefe überhaupt keine Berücksichtigung finden.

Im Revier Ranigandsch wurden 21 Flöze nachgewiesen. Die Kohle im hangenden Teil dieser Lagerstätte enthält 29—38% flüchtige Bestandteile und 3—10% Wasser. Ihr Heizwert liegt zwischen 6000 und 7000 kcal. Westlich des Jhariabeckens liegt in 500 km² Ausdehnung das Revier von Bokaro. Die Kohle steht dort in vier z. T. über 30 m mächtigen Flözen an und wird vorwiegend im Tagebau gewonnen. Jährlich werden knapp $3 \cdot 10^6$ t gefördert. Im Staate Bihar liegen weitere kaum erschlossene bzw. kaum erforschte Vorkommen. Dasselbe gilt für die Vorkommen in den Staaten Orissa und Madja Pradesch: Talchir, Rampur, Singrauli (2250 km²), Schagpur (3000 km²), Biaramspur (1000 km²) und andere.

Tertiäre Steinkohle lagert bei Assam in steileinfallenden 0,4—20 m mächtigen Flözen, die reich an flüchtigen Bestandteilen und aschearm ist. Bei Madras kommt tertiärer „Lignit" in einem 250 km² großen Gebiet vor. Er wird durchschnittlich 12 m mächtig, besitzt wenig Asche und Schwefel und enthält 50% Wasser.

Die gesamten Steinkohlenvorräte werden auf $43 \cdot 10^9$ t geschätzt, davon $2 \cdot 10^9$ t verkokbarer Kohle. Die Reserven an verkokbarer Kohle können den indischen Bedarf für ein Jahrhundert decken.

Die Vorräte verteilen sich auf die einzelnen erwähnenswerten Reviere wie folgt:

| | | | |
|---|---|---|---|
| Ranigandsch | $13{,}6 \cdot 10^9$ t | Ramgarsch | $1{,}3 \cdot 10^9$ t |
| Jharia | $11{,}8 \cdot 10^9$ t | Wardha Valley | $4{,}6 \cdot 10^9$ t |
| Bokaro | $0{,}9 \cdot 10^9$ t | | |

Indien ist ein technisch sehr rückständiges Land. Die niedrige Stufe des indischen Bergbaues wird bereits dadurch charakterisiert, daß jede Grube jeweils nur ein, höchstens zwei Flöze zugleich abbaut, die in etwa 100 m, vereinzelt auch in 200 m Teufe liegen. In söhligen Grubenbauen kann man wegen des standfesten Gebirges auf jeglichen Ausbau verzichten. In der Förderung herrscht Handarbeit und Seilbahnbetrieb vor. Die Hunte von 0,6 m³ Nenninhalt werden in der Regel mit Körben von 30 kg Füllgewicht beladen, die entweder mit der Schaufel oder den Händen gefüllt und bis zur Beladestelle auf dem Kopf getragen werden.

Wie unrationell im indischen Bergbau gearbeitet wird, geht daraus hervor, daß beim Abwerfen unvollkommen abgebauter Feldesteile Abbauverluste bis zu 50% auftreten. In zahlreichen Gruben steht man jetzt vor der Aufgabe, die Pfeiler zu gewinnen, bevor ein neues Flöz erschlossen wird. Trotz günstiger natürlicher Verhältnisse ist die Förderleistung sehr klein. So förderten 1955 von 852 Gruben 569 weniger als 100 t/Tag, 271 Gruben 100—1000 t und nur 12 mehr als 1000 t/Tag. Das ist auf die noch wenig entwickelte Mechanisierung zurückzuführen. In erst jetzt mit dem Abbau beginnenden Tagebauen werden Förderleistungen von 1000 kg erwartet.

Für eine allseitige Modernisierung der indischen Steinkohlenindustrie dürfte deshalb das Studium der Erfahrungen der technisch hochentwickelten Länder (besonders der Länder des sozialistischen Lagers) und der Erfahrungsaustausch mit Technikern dieser Länder von großer Bedeutung sein. Dressel

ERNST, TH., FORKEL, W. & v. GEHLEN, K.

**Quarzite in der tertiären Braunkohle von Wackersdorf (Opf.) und Untersuchungen über ihre technische Verwertbarkeit**

(Mitteilung aus dem Mineralogischen Institut der Univ. Erlangen), Ber. Deutsche Keramische Gesellschaft e. V. Bd. 34, 1957, S. 321–326

Im Oberflöz des Nordfeldes der Wackersdorfer Braunkohle treten linsen- bis bankförmig mehrere horizontbeständige Lagen von silifizierter, holzreicher Braunkohle auf (Kiesel-Xylite). Im Inneren enthalten die teilweise feingeschichteten Quarzite verkieselte Pflanzenreste und wenig silifizierte Holzbestandteile. Die Quarzite wurden chemisch,. röntgenographisch, petrographisch und brenntechnisch untersucht. Der Glühverlust ist durch beigemengte Braunkohlensubstanz etwas erhöht. Beim langsamen Erhitzen werden die organischen Bestandteile zwischen 300 und 500° C abgegeben, oberhalb 500° C verbrennt der zunächst zurückbleibende Kohlenstoff, und es kommt zu einer völligen Entfärbung des Rohquarzites. Aus dem Material wurden Probekörper hergestellt und zwecks Eignung für die Herstellung von Silikasteinen näher untersucht. Als Ergebnis wird festgestellt, daß die Kiesel-Xylite eine rasche Umwandlungsgeschwindigkeit beim Brennprozeß aufweisen, die auf günstiger chemischer Zusammensetzung und der geringen Korngröße des Quarzes beruht. Das Gestein besteht praktisch nur aus feinkörnigem Bindemittel, vermischt mit knapp 20% organischer Substanz. Durch das Ausbrennen der organischen Massen wird eine größere Anzahl von Mikroporen innerhalb der einzelnen Körner des Brenngutes erzeugt. Daher zeigen die megaskopisch dicht erscheinenden Steine ein geringes Raumgewicht, so daß eine Verwendung als leichte Silikasteine naheliegt. Auch eine Verwendung als feuerfestes wärmedämmendes Material und wegen der speziellen Feinporigkeit auch als Katalytträger kommt ggf. in Betracht. R. HOHL

ERNST, TH., FORKEL, W. & v. GEHLEN, K.

**Zur Entstehung der Braunkohlenquarzite von Wackersdorf (Opf.)**

Geol. Blätter für Nordost-Bayern und angrenzende Gebiete, Bd. 8, H. 1, Erlangen 1958, S. 24–33

Bei den Wackersdorfer Tertiärquarziten handelt es sich um Einkieselungen innerhalb eines Braunkohlenlagers. Die Quarzite stellen Kiesel-Xylite und durchkieselte Weichbraunkohle dar. Die bräunlichen, verwittert weißlichen, etwa 10 bis 50 cm mächtigen Quarzite treten in mehreren Lagen konkordant als Linsen oder Platten im Oberflöz des Nordfeldes auf, das als Randzone des Wackersdorfer Braunkohlenlagers aufzufassen ist. Sie enthalten reichlich Pflanzenreste und gelegentlich auch Einschlüsse von Holzkohle. Verkittende Substanz ist meist Chalcedon, teilweise tritt grobkristalliner Quarz auf, in den höheren Lagen wurde auch Opal festgestellt. Die Ausfüllung der Zellräume mit Kieselsäure ist erfolgt, als sich der Zellinhalt in Zersetzung befand, wie das besonders gut in einem subtropischen bis tropischen Wechselklima vor sich geht. Die Beobachtungen deuten auf eine verhältnismäßig frühe Verfestigung der Kieselsäureausscheidungen hin, d.h., die Quarzite sind bereits während der Ablagerung derjenigen Pflanzenmassen entstanden, die jetzt als Braunkohle vorliegen. Die Kieselsäurelösungen sind von stark kieselsäurehaltigen Gesteinen der Umgebung herzuleiten, besonders von solchen des Unterturons, von Quarzsanden und Tripelgesteinen.

Ähnliche quarzitische Verfestigungen treten auch gelegentlich in der mitteldeutschen Braunkohle auf. Bezeichnenderweise liegen aber die bedeutendsten Quarzitvorkommen in den kohlefreien, höhergelegenen Räumen zwischen den Braunkohlenbecken. R. HOHL

KOEHNE, W.

**Die Ermittlung der Wasserführung von Grundwasserströmen und ihre Bedeutung für den Betrieb von Wasserwerken Teil I und II**

Kirschbaum-Verlag, 38 S. DIN A 4, 19 Abb. und Tab., Bielefeld 1953, kartoniert DM 9,50

Der durch sein bereits in 2. Auflage erschienenes Standardwerk „Grundwasserkunde" und seine langjährige berufliche Tätigkeit auf dem Gebiete der angewandten Hydrologie weit bekannte namhafte Verfasser gibt in der vorliegenden Abhandlung eine eingehende Darstellung seiner für die Grundwasserversorgung der Stadt Magdeburg durchgeführten hydrologischen Forschungsarbeiten.

Der erste Teil der Abhandlung enthält einen allgemeinen Hinweis auf die Notwendigkeit der Ermittlung der Größe des unterirdischen Abflusses bei Durchführung hydrologischer Untersuchungen von Grundwasserfeldern. Weiterhin werden die hierfür geltenden verschiedenen Verfahren dargestellt und kritisch beleuchtet.

Der zweite Teil der Abhandlung bringt als Hauptabschnitt die von KOEHNE im Bereich der Letzlinger Heide durchgeführten Untersuchungen hinsichtlich der Ergiebigkeit des dortigen Grundwasservorkommens und der durch das Wasserwerk Kolbitz hervorgerufenen Grundwasserabsenkungen.

Dem äußerst lehrreichen Text sind eine Reihe von Lageplänen, geologische Übersichtskarten und Längsprofile, graphische und tabellarische Darstellungen von Jahresniederschlägen, Grundwasser-Höhenschichtenpläne sowie zeichnerische Tafeln über Grundwasserstandsganglinien und Grundwasserabsenkungen beim Wasserwerk Kolbitz beigegeben.

Sehr instruktiv ist der Vergleich der Einwirkung eines großen 100 Tage dauernden Pumpversuches mit der Einwirkung des Dauerbetriebes auf die Lage des Grundwasserspiegels.

Diese Abhandlung stellt in ihrer Ausführlichkeit eine äußerst wertvolle Bereicherung der Literatur auf dem Gebiete der angewandten Hydrologie dar.

**Teil III**

Kirschbaum-Verlag, 64 S. DIN A 4, 51 Abb. u. zahlreiche Tab., Bielefeld 1955, kartoniert DM 16,—

Der jetzt unter dem gleichen Titel vorliegende Teil III ist eine Fortsetzung der im Jahre 1953 herausgegebenen Abhandlung. In diesem Fortsetzungswerk gibt der Verf. eine umfassende Darstellung seiner zum Grundwasser-Nachweis für die Stadt Bielefeld im Einzugsgebiet der Senne durchgeführten geologischen und hydrologischen Untersuchungen. Eingehend behandelt werden auch die Einwirkungen der Wasserförderungen aus den verschiedenen Wasserfassungen auf den Grundwasserspiegel, ferner die Folgen der Grundwasserabsenkungen auf die oberirdischen Gewässer und Nutzung der landwirtschaftlichen Flächen. Eine große Anzahl geologischer Situationspläne und Profile, Tabellen der Niederschläge, graphischer Darstellungen der Pumpversuchs-Ergebnisse und Grundwasserganglinien ergänzen den Text.

Alle Wasserwirtschaftler und Geologen, die sich mit Grundwasserfragen zu befassen haben, werden aus diesen äußerst lehrreichen Abhandlungen großen Nutzen ziehen und ihr Erscheinen dankbar begrüßen. VIEWEG

KRENKEL, E.

**Geologie und Bodenschätze Afrikas**

Akademische Verlagsgesellschaft Geest & Portig, 2. stark veränderte Auflage, 597 S., 158 Abb., Leipzig 1957, Halbleinen DM 61.—

Der Autor hatte 1939 seine dreibändige „Geologie Afrikas" herausgegeben. Das Werk ist vergriffen. Die jetzt vorliegende Veröffentlichung stellt eine verkürzte und modernisierte Neufassung dar. Das Werk zerfällt in 2 Teile. Der 1. Teil behandelt die Geologie Afrikas nach regionalen Gesichtspunkten, im 2. Teil werden die Bodenschätze Afrikas behandelt. Sie sind nach Rohstoffen geordnet und die einzelnen Rohstoffkapitel regional unterteilt.

Die neue Auflage ist für jeden, der sich schnell über irgendwelche Fragen hinsichtlich der Geologie und Bodenschätze Afrikas informieren will, von größter Bedeutung. Natürlich fehlen, wie es nicht anders sein kann, die neuesten Entwicklungen, so daß man z. B. über die Erdölvorkommen der verschiedensten Teile Afrikas, die z. Zt. größere Bedeutung gewinnen, in diesem Werk noch nicht viel findet. E.

PAETZOLD, H. H.

**Geologie für den Bergmann**

VE-Verlag Volk und Wissen, 148 S., 163 Abb., Berlin 1957, DM 5,50

Bücher, die die Geologie leicht faßlich für den Bergmann und Bergbauschüler darstellen wollen, sind in den vergangenen Jahren mehrfach erschienen. Das vorliegende

Werk ist in erster Linie für 15—17jährige Lehrlinge bestimmt und bringt demzufolge die Geologie größtenteils in ganz einfacher Form. Das Buch ist in 2 große Abschnitte, die allgemeine und die historische Geologie gegliedert worden. Es wird behandelt: die Erde als Himmelskörper, die Gesteinshülle der Erde, die geologische Zeitrechnung, die Geschichte der Erde. Ferner ist ein Anhang über geologische Karten beigefügt.

Ein solches Werk soll und kann natürlich nur das gesicherte geologische Gedankengut bringen und soll keine geologischen Probleme aufzeigen. Man muß aber überraschenderweise feststellen, daß selbst das gesicherte geologische Wissen vielfach falsch dargestellt worden ist. So heißt es z. B. auf S. 113: „Ein Teil der Erzgänge des Sächsischen Erzgebirges mag im Zusammenhang mit porphyrischen Ergüssen schon Ende des Oberkarbons entstanden sein". Auf der nächsten Seite drückt sich PAETZOLD ähnlich aus: „Im Zusammenhang mit tektonischen Bewegungen herrschte auch ein starker Vulkanismus (Quarzporphyre, Pechsteine und Porphyrite), der auch wertvolle Erze zutage förderte." Ebenso weisen die Kapitel über Sedimentgesteine recht erhebliche sachliche Mängel auf. Da das Buch für Bergleute geschrieben ist, wären Ausführungen über Spat- und Erzgänge und über einige wichtige Eisenerzlagerstätten äußerst wichtig. Es bleibt leider nur bei ganz allgemein gehaltenen Ansätzen dazu. Das Wort hydrothermal ist an keiner Stelle zu finden. Wo im stratigraphischen Teil einige Lagerstätten namentlich genannt werden, sind diese vielfach auch unrichtig. Zum Beispiel werden die altbekannten metasomatischen Spateisenerze von Kamsdorf in Thüringen als Roteisenerze aus dem Devon bezeichnet. In Wirklichkeit sitzen sie im Zechstein auf.

Was im Teil I über Sedimentgesteine und ihre Entstehung im einzelnen gesagt wird, bedarf in vielen Fällen der Richtigstellung. Der Teil II ist durch größtenteils ungenaue Fossilabbildungen und ebenso verbesserungsbedürftige Erklärungen im großen und ganzen unbefriedigend. Viele stratigraphische Angaben sind wenig exakt. Ob es zweckmäßig ist, Bergbaulehrlingen eine Menge Leitfossilien einprägen zu lassen? Welcher Bergmann bekommt es je mit der *Estheria minuta* oder *Avicula contorta* zu tun, und ist es im Rahmen einfachster Darstellung erforderlich, eine genauere Gliederung des Kambriums mit (ungenauer) Abbildung von *Olenellus, Olenus* und *Paradoxides* zu bringen? Dafür vermißt man nähere Angaben über unsere verschiedenen Salzlagerstätten. Auch das Kapitel über Kohlen und Erdöl ist, da es Bergleuten geboten werden soll, als nicht genügend exakt und umfassend zu bezeichnen.

In Anbetracht der Mängel in Text und Bild wäre dem Verlag eine alsbaldige Überarbeitung anzuraten. Pf.

# Nachrichten und Informationen

**Erfolge der Planwirtschaft in der UdSSR**

Unter der Überschrift „In 20 Jahren die bedeutendste Industriegroßmacht der Welt?" berichtete das „Berliner Wirtschaftsblatt" ausführlich über den grandiosen Aufbau des mittelsibirischen Industriegebietes. Wir möchten diese westdeutsche Stellungnahme unseren Lesern nicht vorenthalten und bringen sie daher nachfolgend ungekürzt:

„Das Volkswirtschaftsgebiet Krasnojarsk wird zum mittelsibirischen Industriegebiet ausgebaut. Wenn im Jahre 1975 dieses Industriegebiet mit ganzer Kapazität arbeitet, ist die durchgängige Industrialisierung des gesamten asiatischen Teils der UdSSR abgeschlossen. Dann wird die Sowjetunion im Westen das Industriegebiet Swerdlowsk-Magnitogorsk, im Südwesten das Karagandaer Industriegebiet, am Ob das große Kusnetzker Becken, am Jenissej das Krasnojarsker Industriegebiet, an der Angara das Irkutsker Industriezentrum und am Amur das Chabarowsker Industriegebiet haben. Ganz Sibirien wird dann zu einem gewaltigen Industriegebiet ausgebaut worden sein.

Weil die industrielle Erschließung des Krasnojarsker Gebietes zu den schwierigsten Vorhaben der Industrialisierung Sibiriens gehört, ist hier auch für die längste Zeit geplant worden. Während alle anderen Industriezentren entweder bereits heute voll arbeiten, oder aber bis 1965 mit voller Kapazität arbeiten sollen, wird der Aufbau der Industrie im Krasnojarsker Gebiet bis 1975 dauern.

Die Aktivposten dieses Gebietes sind die riesigen Wasserkraftreserven und die schier unerschöpflichen Bodenschätze. Bereits heute befindet sich hier das größte Wasserkraftwerk der UdSSR bei Krasnojarsk im Bau. Zu den energetischen Quellen kommen unermeßliche Bodenschätze. Allein die Vorräte an Steinkohlen werden auf über 2 Trillionen Tonnen geschätzt. Man veranschlagt die Eisenerzvorkommen auf 2 Milliarden Tonnen. Die Holzvorräte dürften mit 11 Milliarden Kubikmeter nicht zu hoch angenommen sein. Außerdem gibt es in den Berghängen östlich des Jenissej große Vorkommen an Nickel, Kupfer, Kobalt, Molybdän, Gold, seltene Metalle und so weiter.

All diese Reserven sind noch kaum im Abbau. Dieses so überaus reiche Gebiet ist an der Gesamtproduktion der UdSSR zur Zeit bei Kohle nur mit 2 Prozent, bei Holz nur mit 5 Prozent beteiligt. Die Erze werden zur Zeit überhaupt noch nicht abgebaut.

Bei der industriellen Erschließung dieses Gebietes wird man in den nächsten 15 Jahren etappenweise vorgehen. Zunächst werden die Wasserkraftreserven durch den Bau von Großkraftwerken — deren erstes das Krasnojarsker ist — erschlossen. Parallel damit erfolgt der Aufbau jener Industriezweige, die viel Elektroenergie benötigen. Es ist in erster Linie an den Aufbau einer großen Aluminiumindustrie und an eine Kupferindustrie gedacht.

Die nächste Etappe umschließt den Aufbau einer Industrie für Bergwerksausrüstungen. Parallel dazu soll die völlige Erschließung der Kohle- und Erzvorkommen erfolgen. Die bereits im Aufbau befindliche Schwerindustrie wird bis zum Jahre 1965 auf Erze aus anderen Industriegebieten angewiesen sein. Erst ab 1965 wird die Hüttenindustrie auf der Kohle- und Erzförderung des Krasnojarsker Gebietes basieren.

Ein Teil der Steinkohle — die besonders tief liegt — wird unterirdisch vergast und dem Industriegebiet in kurzer Zeit zur Verfügung stehen. Bei Irscha-Borodinsk wird die Kohle im Tagebau gewonnen. Auf der Basis von Kohle, Gas und den enormen Holzvorräten entsteht bereits jetzt eine chemische Industrie. In erster Linie handelt es sich um die Zellwoll-, Kunstharz-, Kunstkautschuk- und synthetische Benzinproduktion. Die Städte Krasnojarsk, Atschinsk und Kansk sollen das Zentrum des Industriegebietes werden.

Auf Grund der großen Energiereserven wird die gesamte sibirische Bahn elektrifiziert. Zusätzlich soll die südsibirische Bahn schnell fertiggestellt werden. Vor allen Dingen wird die Strecke Atschinsk—Abalakowo—Rescheba—Bogutschan vordringlich gebaut. Im einzelnen wird die Industrie auf das Gebiet folgendermaßen verteilt sein: das Gebiet Abakan—Tschernogorsk—Minusinsk wird das Zentrum der Maschinenbauindustrie. Seine energetische Basis wird das Wasserkraftwerk von Sajansk sein. Krasnojarsk wird Zentrum der chemischen Industrie und teilweise der Hüttenwerke.

Bereits heute hat dieses künftige Industriegebiet mit einem schwer zu lösenden Problem zu kämpfen: der Menschenfrage. In den Jahren 1970 bis 1975 werden hier für die Industrie über zwei Millionen Menschen benötigt werden. Man hofft dieses Problem durch eine ökonomische Begünstigung der dort arbeitenden Menschen lösen zu können.

Wenn man die industrielle Entwicklung Sibiriens betrachtet, dann kommt man zu dem Schluß, daß das CHRUSCHTSCHOWsche Ziel, die USA industriell einzuholen, keine Utopie, sondern harte Tatsache sein wird. Spätestens ab 1970 dürfte die UdSSR zu der weitaus bedeutendsten Industriemacht der Welt geworden sein."

**Ausbau der Petrochemie in Frankreich**

Der dritte französische Fünfjahrplan, der von 1956 bis 1961 läuft, sieht eine Steigerung der Chemieerzeugung um 50% vor. Die Erzeugung von Polyäthylen soll von 7000 t auf 71000 t 1961 erhöht werden. Etwa 70% der organischen Chemieproduktion entfallen bereits auf die Petrochemie (Lösungsmittel, plastische Stoffe, Wasch- und Reinigungsmittel, synthetische Harze, Kunstgummi und Ruß). Als Grundstoffe dienen Raffineriegase oder Erdgase. In Lacq wurde Ende April 1957 die Produktion aufgenommen. Es wurden bis Ende dieses Jahres 91 Millionen Kubikmeter Trockengas und 26000 t reiner Schwefel gewonnen. Ende 1958 soll eine tägliche Verarbeitung von 4 Millionen Kubikmeter Gas erreicht werden. Die Erdölförderung dürfte im Inland fast 3 Millionen jato erreichen. Aus dem Feld Parentis wurden fast 1,4 Millionen t gefördert. Für die Erdgasgewinnung werden ständig größere Mittel für Forschung und Förderung ausgegeben. Bei der Kuhlmanngruppe entfallen schon jetzt mehr als 20% aller Umsätze auf Erzeugnisse der Petrochemie.

**Die westdeutschen Erdölproduzenten**

Rund 80% des westdeutschen Erdölaufkommens verteilen sich folgendermaßen:

1. die C. Deilmann-Bergbau GmbH (1955 4,2%)
2. die Deutsche Erdöl-AG (18,6%)
3. die Gruppe Wintershall-Elwerath (39,1%)
4. und 5. die Deutsche Schacht- und Tiefbohr-Ges. mbH., Lingen, und die Preußische Bergwerks- und Hütten-AG (Preußag) (rund 18%)

Die übrigen 20% des deutschen Erdölaufkommens werden von zwei Auslandsunternehmen gefördert, der Mobil-Oil-AG und der Gewerkschaft Brigitta, deren Kuxe sich die Standard-Oil-Co. of Jersey und eine holländische Gesellschaft teilen.

(„Kohlen-Zeitung", Fachzeitschrift f. den Kohleneinzelhandel, Essen, Nr. 3/März 1958.)

**Immer mehr Ferngasleitungen**

Die Ferngasleitung von Stawropol über Rostow am Don und Woronesh nach Moskau ist 1300 km lang. Allein nach Moskau liefert sie täglich 8 Mio m³. Sie bringt in ihr Absatzgebiet mehr billigen Brennstoff als die augenblicklich im Donezbecken im Bau befindlichen 35 Steinkohlengruben einmal fördern werden.

**Kohle/VR China**

Die Volksrepublik China wird die britische Kohlenproduktion im nächsten Jahr mit einer Herstellungsquote von 230 Mio t einholen. Die britische Kohlenproduktion belief sich 1957 auf 227,2 Mio t und für das Jahr 1965 wurden 240 Mio t geplant. Die chinesische Kohlenproduktion erhöhte sich in den vergangenen vier Monaten ständig und erreichte im April 1958 einen Tagesdurchschnitt von 500000 t.

**Westdeutscher Steinkohlenverbrauch**

| | 1950 | 1957 |
|---|---|---|
| Westdeutsche Steinkohlenförderung | 111 Mio t | 133,7 Mio t |
| Verwendung der Steinkohle in veredelter Form | | |
| (Koks, Gas, Kohlenwertstoffe u. Strom) | 51 vH | 70 vH |
| unmittelbare Verwendung als Brennstoff | 49 vH | 30 vH |

Obwohl die Verfügbarkeit an Steinkohle in Westdeutschland in diesem Zeitabschnitt um 20 Mio t und damit um rd. 20% zugenommen hat, ist die unmittelbare Verwendung der Steinkohle weiterhin erheblich zurückgegangen und der Einsatz für Veredelungszwecke in außerordentlichem Ausmaß gestiegen. Diese Entwicklung wird sich fortsetzen, solange der spezifische Verbrauch an Rohstahl steigt und der ebenfalls steigende Bedarf an Elektrizität und Gas in Westeuropa preiswerter auf der Basis von Kohle als auf der Grundlage anderer Energieträger gedeckt werden kann.
(Der Volkswirt, Beilage Nr. 13 v. 29. 3. 58)

**Die Lage im Metallerzbergbau**

Die Krise im Metallerzbergbau macht sich immer schärfer bemerkbar. Besonders kritisch ist die Lage in Chile, Bolivien, Peru und Mexiko geworden. Der Preis für Blei ging im Jahre 1957 um 37% und für Zink um 39% zurück. Blei kostete in der Bundesrepublik Anfang 1958 etwa 84,— DM und Zink 73,— DM je 100 kg.

Durch stärkere Verwendung von Aluminium und Kunststoffen ist der Absatz an Blei und Zink eingeengt.

In Westdeutschland fördert der Metallerzbergbau vorwiegend Blei- und Zinkerze (Kupfer wird nur als Nebenprodukt im Rammelsberg bei Goslar und auf 2 Spateisensteingruben im Siegerland gewonnen). Die Bleigrube Mechernich wurde stillgelegt, die „AG des Altenberg für Bergbau- und Zinkhüttenbetrieb" in Untereschbach hat den größten Teil ihrer Belgschaft entlassen, und die Stolberger Zink-Gruppe in Aachen wird ihre Zinkgrube Adolf-Helene in Altlay im Hunsrück stillegen. „Der Volkswirt" Nr. 4 vom 25. 1. 58 teilt mit, daß auch eine Reihe anderer Gruben von Stillegungen bedroht seien, obwohl bei ihnen die geologischen Verhältnisse wesentlich günstiger lägen.

Über die *Rentabilitätsgrenze* teilt das Blatt mit: „Während die meist mit überdurchschnittlich hohen Gewinnungskosten arbeitenden Amerikaner den Grenzpreis für Blei und Zink mit etwa 14 Cents je lb = 129,63 DM je 100 kg beziffern, hält man in der Bundesrepublik unter den derzeitigen Bedingungen bereits einen Preis von 110—115 DM je 100 kg für allgemein akzeptabel. Teilweise glaubt man sogar, die untere Preisgrenze sei bei uns bei 5prozentigen Erzen (Gesamtmetallgehalt) für Zink im Schnitt erst bei etwa 900 DM je t und für Blei bei 1000 DM je t zu suchen. Das sind natürlich sehr globale Schätzungen, und inwieweit sie zutreffen, mag dahingestellt bleiben. Ohnehin ist für die Wirtschaftlichkeit eines Grubenbetriebes keineswegs nur der Metallgehalt der Erze ausschlaggebend, sondern auch die Menge und Art ihrer Förderung (Tiefbau oder Tagebau), ihre Struktur sowie insbesondere die Möglichkeiten ihrer Aufbereitung. Daß auch der Abbau von Erzen mit relativ geringem Metallgehalt durchaus rentabel sein kann, beweisen die guten Resultate, die die Stolberger Zink AG für Bergbau und Hüttenbetrieb mit dem „Maubacher Bleiberg" bei Düren, einem der bedeutendsten Bleierzvorkommen Europas, erzielt hat. Bei dieser, erst seit Mitte 1957 im Tagebau mit voller Leistung betriebenen Grube sind trotz nur etwa 2,5 % Pb-Gehalt der Erze nach umfangreichen und sorgfältigen Versuchs- und Vorbereitungsarbeiten mittlerweile produktionell ebenso wie wirtschaftlich Ergebnisse erreicht worden, die zumindest für die Zukunft des deutschen Bleierzbergbaues Anlaß zu Optimismus geben. Den Förderausfall von Mechernich dürfte Maubach jedenfalls bald wettmachen können. Insgesamt stehen im westdeutschen Blei- und Zinkerzbergbau zur Zeit noch knapp 20 Gruben mit (1956) rund 7500 Beschäftigten, darunter 6800 Arbeiter, in Förderung. Sie verteilen sich auf drei größere Lagerstättenbezirke: auf den Harz, auf das Ruhrrevier, ergänzt durch einige wichtige Vorkommen am Nordrand des Rheinischen Schiefergebirges und auf die verstreut am Nordrand der Eifel sowie an der Einmündung der Lahn in den Rhein gelegenen Vorkommen. (Die der Stolberger Zink AG gehörenden Süddeutschen Gruben Wiesloch bei Heidelberg und Schauinsland bei Freiburg i. Br. sind bereits vor einigen Jahren stillgelegt worden.) Nach der Größenordnung der Förderung steht der Harz mit dem unter fast einzigartig günstigen geologischen Verhältnissen arbeitenden Erzbergwerk Rammelsberg (Metallgehalt der Erze bis zu 25 %) und dem Erzbergwerk Grund an erster Stelle. Auch der aus dem Anfahren bauwürdiger Erzgänge auf Steinkohlenzechen entstandene, erst seit den dreißiger Jahren datierende Metallerzbergbau im Ruhrgebiet hat in den vergangenen zwei Jahrzehnten wachsende Bedeutung erlangt. Auf der mittelbar der Badischen Anilin- und Sodafabrik AG gehörenden Steinkohlenzeche Auguste-Viktoria in Marl-Hüls werden Blei-Zink-Erze mit im Mittel etwa 4 % Pb und 7 % Zn gewonnen, ein weiteres Bleierzvorkommen mit 8—10 % Pb wird auf der Schachtanlage Christian Levin der Fried. Krupp Bergwerke, Essen, in Essen-Dellwig abgebaut. Bei einem dritten Vorkommen auf der Zeche „Graf Moltke" der Gelsenkirchener Bergbau AG hat man die Förderung noch nicht aufgenommen.

Von den Erzbergwerken der Stolberger Zink AG dürfte neben dem Maubacher Bleiberg die gut ausgebaute Blei-Zink-Erzgrube bei Ramsbeck im Sauerland, die 1956 rund 363000 t Roherze förderte, wohl die bedeutendste sein. Direkt betreibt diese Gesellschaft, die in Bad Ems auch über eine Zentralaufbereitungsanlage verfügt, noch eine Grube bei Ehrenbreitenstein, während vier weitere Gruben — bei Tellig und Norath (beide im Hunsrück) und bei Braubach und Hirzenach (beide am Rhein) — von ihrer Tochtergesellschaft „Gewerkschaft Mercur" betrieben werden. Es gehören ferner der in belgischem Besitz befindlichen „AG des Altenberg für Bergbau- und Zinkhüttenbetrieb", Essen-Bergeborbeck, zwei Blei-Zink-Erzgruben im Bergischen Land — „Lüderich" bei Eschbach und „Nikolaus-Phönix" bei Much —, auf die grob gerechnet rund 10 vH der westdeutschen bergmännischen Produktion an diesen beiden Metallen entfallen dürften. Schließlich verdient neben der Metallförderung aus den eigentlichen Erzgruben noch die Gewinnung von Zink aus Pyriten (Schwefelkiesen) bzw. deren Abbränden Erwähnung, die sich 1956 auf rund 29500 t Metallinhalt belief. Das Hauptvorkommen an Schwefelkies im Bundesgebiet befindet sich bei Meggen an der Lenne und gehört der „Sachtleben" AG für Bergbau und chemische Industrie.

Um die Krise zu überwinden, ist zunächst das Aufsuchen neuer Lagerstätten eingestellt worden. In den in Förderung stehenden Gruben weicht man auf reichere Lagerstättenpartien aus, stellt die weitere Untersuchung ein und legt Untersuchungsbetriebe still. Man weiß, daß dieses im Widerspruch zu der im Bergbau unbedingt notwendigen langfristigen Planung steht, sieht aber keinen anderen Ausweg.

Nach Abbau der reicheren Erzpartien war man in den letzten Jahren gezwungen, ärmere Lagerstättenteile abzubauen. Daher stieg der Roherzeinsatz je Tonne Metall von 15 t im Jahre 1936 bzw. 20 t im Jahre 1950 auf 24 t Ende 1957. Dagegen konnte die Roherzförderung je Mann und Schicht von 1950 bis 1956 von 1,10 t auf 2,05 t erhöht werden. Gleichzeitig ging der Durchschnittsgehalt der geförderten Roherze an reinem Blei und Zink von 4,76% auf 4,16% zurück.

Die großen australischen Produzenten „Zinc Corporation Ltd" und „Broken Hill Consolidated" haben ihre Verschiffungen eingestellt. SIMON D. STRAUSS, Vizepräsident der „American Smelting and Refining Co.", erklärte, daß der Weltbleiverbrauch im Jahre 1957 um etwa 4% unter dem des Vorjahres und um 8% unter dem des Jahres 1955 gelegen habe. Schätzungsweise wurden 1,74 Mio t gewonnen. STRAUSS erklärte, daß Blei auf einem seiner wichtigsten Absatzgebiete, nämlich in der Kabelindustrie, weitgehend durch Aluminium und plastische Massen ersetzt werde."

Unter den Nichteisenmetallen nimmt das Kupfer vor allem als Preisregulator die erste Stelle auf den internationalen Metallmärkten ein. Am 19. 3. 1956 notierte Kupfer an der Londoner Börse noch mit 436 £ je Tonne, während es bis zum 24. Januar 1958 auf 161 £ 10 sh absank. Dieser Rückgang der Konjunktur wirkt sich vor allem in der Wirtschaft der großen Erzeugerländer, wie Chile, Rhodesien und Belgisch-Kongo, aus. In Chile wurden bereits im November 1957 10 mittlere und kleinere Kupfergruben stillgelegt, und in den übrigen Kupferzentren wurde die Förderung um etwa 10% herabgesetzt. Die aufgestellten Erschließungspläne werden innerhalb der nächsten 5 Jahre kaum verwirklicht werden, da man sich scheut, weitere Investitionen vorzunehmen.

Über die Entwicklung der letzten Jahre gibt die nachfolgende Übersicht, die wir dem „Continentalen Eisenhandel", Frankfurt, Nr. 2, 1958, entnehmen, über Förderung und Kupfervorräte wichtige Aufschlüsse; sie versteht sich in short tons zu 907 kg und stammt vom Copper Institute.

Produktionskapazität und Ausbaupläne (in 1000 t)

| | Nordamerika | Afrika | Südamerika | Gesamte Weltkapazität |
|---|---|---|---|---|
| 1955 | 1439 | 771 | 640 | 3183 |
| 1956 | 1542 | 806 | 665 | 3361 |
| 1957 | 1640 | 881 | 694 | 3591 |
| 1958 | 1691 | 881 | 699 | 3674 |
| 1959 | 1697 | 949 | 705 | 3768 |
| 1960 | 1697 | 1000 | 755 | 3869 |
| 1961 | 1697 | 1050 | 925 | 4089 |

Es ist damit zu rechnen, daß die Produktionskapazität von 1955 bis 1960 um 906000 t oder 28,4 % steigen soll. Von den bereits vorhandenen Kupfererzgruben erwartet man eine Zunahme der Kapazität um 346000 t oder um 11%. Davon entfallen 13000 t auf die Vereinigten Staaten (White Pine, Ray, Butte-Berkeley, Inspiration, Campbell, Chibougamou und Caspe Mines) auf Afrika (Mufulira Mine und Union Minière) kommen 100000 t, 106000 t auf Süd- und Mittelamerika (Mazapil in Mexiko und Chuquicamata in Chile), 27000 t auf die Philippinen (Toledo und Lepanto) und auf Australien (Mount Isa). In diesen Zahlen sind jedoch die neuen Kupfervorkommen nicht enthalten, die mit einer Gesamtmenge von 560000 t in Rechnung gestellt werden müssen.

Davon treffen auf Nordamerika 145000 t (San Manuel, Willroy, Gonsolidated Sudbury, Tilt Cove, Pima, Heath Steel, Rainville und Ceco), auf Afrika 179000 t (Chibuluma, Bancroft, Chambishi, Kasashi und Molly Mines in Rhodesien, Kilembe in Uganda, Macalder in Kenia, in Mauretanien und in Französisch-Westafrika), auf Südamerika 229000 t (El Salvador Mine — als Ersatz für die Potrerillos Mine — und Africana in Chile, Toquepala in Peru und Rosita in Nicaragua).

Der kapitalistische Weltmarkt wird weiter dadurch erschüttert, daß in der Sowjetunion größere Kupfervorkommen neu entdeckt und demnächst aufgeschlossen werden. Bis vor kurzem rechnete man damit, daß die amerikanischen und sowjetischen Reserven an Kupfer ungefähr gleich wären, daß die Sowjetunion größere Reserven an Antimon, Nickel und Platin habe, und daß die USA große Vorräte an Bauxit, Blei und Zink besäßen.

In diesem Zusammenhang verweisen wir auf die Ausführungen des Ministers für Geologie der UdSSR ANTROPOW, die wir im Heft 4 des lfd. Jhg. veröffentlicht haben. Diese Darstellungen lassen erkennen, daß die SU in Zukunft auch auf dem Markt der Nichteisenmetalle innerhalb des kapitalistischen Wirtschaftsbereiches eine einflußreiche Rolle spielen wird. E.

**Bleizinkerz/Jugoslawien**

Am Amselfeld im autonomen Gebiet Kosovo sind Bleizinkerzvorkommen festgestellt worden, deren Reserven auf 8 Mio t geschätzt werden. Laut einem bestehenden Vertrag soll die UdSSR die vollständigen Einrichtungen für das Bergwerk bis 1960 liefern. Die Jahreskapazität der in der Umgebung von Pristina geplanten Hüttenwerke soll 150000 t Roherz betragen, aus dem etwa 1600 t Zink-, 8500 t Blei-, 32000 t Pyritkonzentrate und 7000 kg Silber gewonnen werden können. Bereits im kommenden Jahr wird mit einem Teilbetrieb der neuen Bergwerke gerechnet.

**Zinnproduktion der Welt**

Der Internationale Zinnrat gab folgende Einzelheiten über die Zinnproduktion bekannt (in long tons):

| | 1956 | 1957 |
|---|---|---|
| Belgisch-Kongo | 14764 | 14264 |
| Nigeria | 9167 | 9612 |
| Bolivien | 26842 | 27791 |
| Indonesien | 30053 | 27723 |
| Malaya | 62295 | 59293 |
| Thailand | 12481 | 13531 |
| andere Länder | 20000 | 21300 |
| Welt (ohne UdSSR) | 175500 | 173500 |

**Gallium/USA**

Die Dow Chemical Co. in den USA hat ein neues Aufbereitungsverfahren für Gallium entwickelt, wobei zerstoßenes Erz, das Gallium enthält, mit Chlorwasserstoff bei Temperaturen zwischen 700 und 900 Grad Celsius aufbereitet wird. Dabei verflüssigt sich Galliumchlorid und kann durch Kondensation in reiner Form gewonnen werden.

**Chiles Salpeter-Industrie vor dem Ruin**

Chile erzeugte vor dem 1. Weltkrieg 76% des auf dem Weltmarkt gehandelten Salpeters. 1954 waren es 3,3%; heute sind es nur noch etwa 2,8%.

Die Ursachen für den rapiden Rückgang der chilenischen Salpeterproduktion liegen in der Herstellung von synthetischem Salpeter, den große Monopole auf den Weltmarkt brachten.

Bis zum Jahre 1930 mußten in Chile 58 große Salpeter-Minen geschlossen werden. Während es 1914 etwa 150 Minen gab, existieren heute nur noch drei größere Werke — Maria Elena, Pedro de Valdivia und Humberstone — sowie ein halbes Dutzend kleinere, die alle vor dem Bankrott stehen.

Es muß im Norden Chiles in Kürze mit 15000 arbeitslosen Bergleuten gerechnet werden, wie die chilenische Bergarbeitergewerkschaft angibt.

Diese Schwierigkeiten brauchten nicht zu bestehen, denn die Volksrepublik China erklärte sich bereit, die gesamte chilenische Jahresproduktion an Natursalpeter mehrere Jahre hindurch zu kaufen.

Auf Grund der USA-Embargobestimmungen gegenüber China lehnte der damalige Diktator Chiles, GONZALES VIDELA, dieses großartige Angebot ab — zum Schaden der chilenischen Volkswirtschaft. SCH.

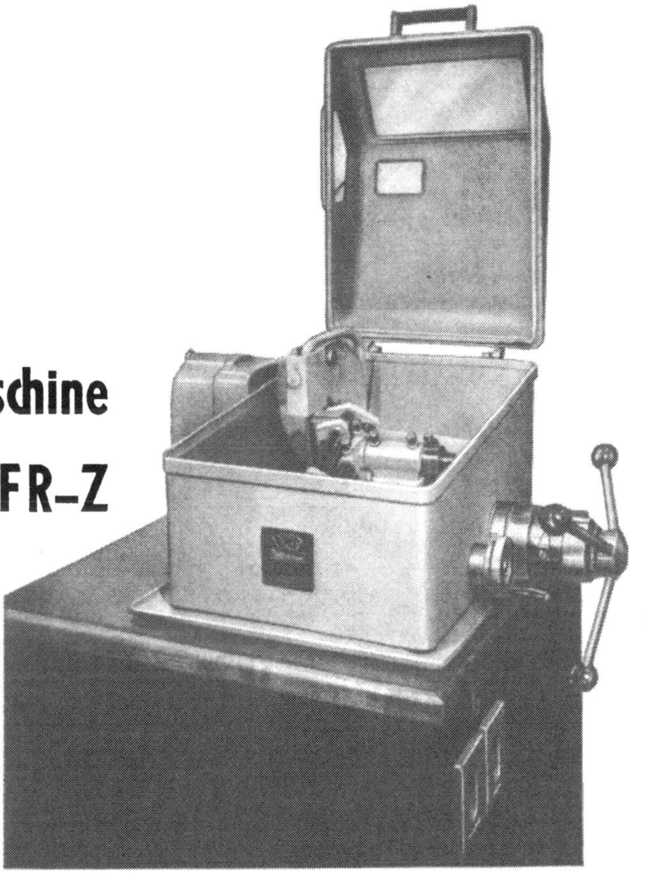

Kolibri 360 GmbH
Ferdinand-Jühlke-Straße 7
99095 Erfurt, Deutschland
produktsicherheit@kolibri360.de